高等院校信息技术课程精选规划教材

网络工程实训指导

主　编　于振洋　付　磊
副主编　寇海洲　徐成杰　张健鹏　沈　旭
王晨雨　魏　来　陈应权

南京大学出版社

内容提要

《网络工程实训指导》由八个仿真项目实例构成，从小型交换网络、中型路由网络的搭建，到中型园区网搭建，再到大型跨地区复合型网络框架搭建，基本覆盖了当今主流网络模型。在掌握基本网络搭建原理的基础上，通过仿真项目案例，帮助读者从理论理解走向实际操作，帮助读者搭建现代网络实施理论框架，更好地应付未来的工作挑战。本书可作为本专科院校计算机类专业、电子信息类专业、通信类专业及其他专业的计算机网络课程配套实验实训教材，也可作为大中专院校、成人高校、计算机培训学校等各类院校的实验实训指导用书。

图书在版编目(CIP)数据

网络工程实训指导 / 于振洋，付磊主编. — 南京 ：南京大学出版社，2019.8

高等院校信息技术课程精选规划教材

ISBN 978-7-305-22229-0

Ⅰ. ①网… Ⅱ. ①于… ②付… Ⅲ. ①网络工程－高等学校－教材 Ⅳ. ①TP393

中国版本图书馆 CIP 数据核字(2019)第 100146 号

出版发行 南京大学出版社
社　　址 南京市汉口路 22 号　　邮　编 210093
出 版 人 金鑫荣

书　　名 网络工程实训指导
主　　编 于振洋 付 磊
责任编辑 王秉华 王南雁　　编辑热线 025-83592655

照　　排 南京南琳图文制作有限公司
印　　刷 盐城市华光印刷厂
开　　本 787×1092 1/16 印张 12.25 字数 300 千
版　　次 2019 年 8 月第 1 版 2019 年 8 月第 1 次印刷
ISBN 978-7-305-22229-0
定　　价 32.80 元

网址：http://www.njupco.com
官方微博：http://weibo.com/njupco
官方微信号：njupress
销售咨询热线：(025) 83594756

前　言

随着互联网的普及，IT技术作为信息交换的载体，与人们的日常生活密不可分。IT技术本身也演变成了服务、需求的创造和消费平台，这种新的平台逐渐创造了一种新的生产力和一股新的力量。

本书由八个仿真项目实例构成，从小型交换网络、中型路由网络的搭建，到中型园区网搭建，再到大型跨地区复合型网络框架搭建，基本覆盖了当今主流网络模型。在掌握基本网络搭建原理的基础上，通过仿真项目案例，帮助读者从理论理解走向实际操作，更好地应对未来的工作挑战。

本书是面向理工本专科学生的计算机网络实验指导教材，结合理论教学精心设计了交换机实验、路由器实验、无线实验、综合实训项目，有利于学生在掌握了一定的理论和实践之后进行设计和创新。

编者希望在网络工程领域，本教材能成为一股新的力量，回馈广大IT技术爱好者，为推进中国互联网发展尽绵薄之力。

本书是由淮阴工学院教师于振洋、付磊任主编，寇海洲、徐成杰、张健鹏、沈旭、王晨雨、魏来、陈应权任副主编，由于设备不断更新，实验实训的经验也在不断更新和完善，本书难免有不足之处，欢迎广大读者批评指正。信箱是1061908568@qq.com。

作　者

2018年12月

目　录

项 目 一

【微信扫码】
学习辅助资源

项目背景

某企业从事人力资源服务，设立 4 个部门，分别是财务部，外联部，人事部，市场部。大约 20 个接入点，公司网络拓扑如图 1.1 所示，公司网络中使用了两台三层交换机 Sw1 和 Sw2 提供内部网络的互联，使用一台二层交换机 Sw3 作为服务器的接入，网络边缘采用一台路由器 R1 用于连接到互联网，公司网络运行的是动态路由协议 OSPF；公司路由器与运营商路由器点对点连接，并且封装的是 PPP 协议。拓扑信息详见图 1.1 网络拓扑图、表 1.1 设备接口连接图、表 1.2 网络设备 IP 地址分配表。

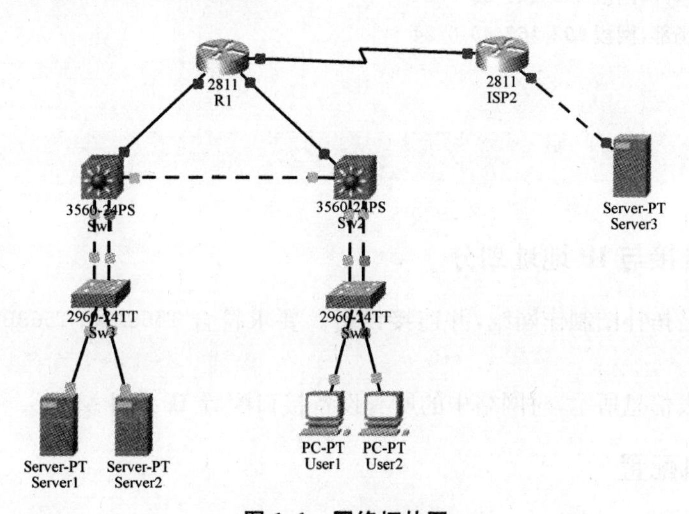

图 1.1 网络拓扑图

表 1.1 设备接口连接表

设备	端口	设备	端口	设备	端口	设备	端口
R1	F0/0	Sw1	F0/1	Sw2	F0/24	Sw4	F0/24
R1	F0/1	Sw2	F0/1	Sw3	F0/1	Server1	LAN
R1	S1/0	ISP2	S1/0	Sw3	F0/2	Server2	LAN
Sw1	F0/2	Sw2	F0/2	Sw4	F0/1	User1	LAN
Sw1	F0/23	Sw3	F0/23	Sw4	F0/2	User2	LAN
Sw1	F0/24	Sw3	F0/24	ISP2	F0/0	Server3	LAN
Sw2	F0/23	Sw4	F0/23				

表 1.2　网络设备 IP 地址分配表

设备	接口	IP 地址
R1	F0/0	11.1.1.1/24
	F0/1	21.1.1.1/24
	S1/0	101.1.1.1/24
	Lo0	1.1.1.1/32
Sw1	F0/1	11.1.1.11/24
	Vlan10	192.168.10.254/24
	Vlan20	192.168.20.254/24
	Lo0	11.11.11.11/32

设备	接口	IP 地址
Sw2	F0/1	21.1.1.22/24
	Vlan30	192.168.30.254/24
	Vlan40	192.168.40.254/24
	Lo0	22.22.22.22/32
ISP2	S1/0	101.1.1.2/24
	F0/0	102.1.1.254
	Lo0	2.2.2.2/32

注：

Server1 所在财务部，网段 192.168.10.0/24

Server2 所在外联部，网段 192.168.20.0/24

Server3 仿真公网服务器，所在网段 102.1.1.0/24

User1 所在人事部，网段 192.168.30.0/24

User2 所在市场部，网段 192.168.40.0/24

项目需求

一、物理连接与 IP 地址划分

1. 按照网络拓扑图制作网线，并连接设备。要求符合 T568A 和 T568B 的标准，线缆长度适中。

2. 依据图表信息所示，对网络中的所有设备接口配置 IP 地址。

二、交换机配置

1. 内网所有交换区块均开启 802.1w 的生成树协议(RSTP)，设置 Sw1 为生成树的根桥，Sw2 为生成树备份根桥。

2. 二层交换机和三层交换机之间的互连链路启用端口聚合，实现链路带宽的提升。基于源目 mac 地址的负载均衡。

注：① 通过设置 Sw1 的优先级为 4096 的方式实现根桥选举。

② 所有 trunk 口都启用基于 802.1Q 的中继封装协议。

③ 链路聚合启用基于 lacp 模式下的 active 模式，在聚合的接口下开启 trunk。

三、路由器配置

1. 合理的部署网络设备、PC 和服务器的 IP 地址。

2. 公司内网用 OSPF 实现网络的互通，网络的出口使用默认路由实现内网所有节点都可以访问 Internet。

3. 公司通过三层交换机实现不同 vlan 间的通信。

4. Server1 服务器只对 Vlan30,Vlan40 的网段内客户开放服务。

注:① OSPF 使用 process ID:110。

② OSPF 的 network 语句使用基于接口网段的通告。

③ 两台三层交换机均部署相同的 SVI。

四、安全管理

1. 在两台二层交换机上部署端口安全实现:

1) 最大连接数量:1;

2) 违例的惩罚措施:把接口置为 error disable 状态;

3) 对于两台服务器使用 mac 地址绑定确保服务器的安全。

2. 使用 PAT 实现内网到外网的地址访问(基于端口映射,中间调用 ACL 10),使用静态的 NAT 把对应的 Server1 的 Web 服务发布到 Internet。

3. 为所有网络设备部署 telnet 服务方面管理员管理网络设备,密码 admin123。

4. R1 连接 ISP2 的 serial 端口,链路使用 ppp 封装,并启用 chap 认证。用户名 admin123,密码 admin123。

项目实施

一、物理连接与 IP 地址划分

#配置 R1 接口 IP 地址

```
R1(config)#interface fastEthernet0/0
R1(config-if)#ip address 11.1.1.1 255.255.255.0
R1(config-if)#no shutdown
R1(config)#interface fastEthernet0/1
R1(config-if)#ip address 21.1.1.1 255.255.255.0
R1(config-if)#no shutdown
R1(config)#interface serial1/0
R1(config-if)#ip address 101.1.1.1 255.255.255.0
R1(config-if)#no shutdown
R1(config)#interface loopback0
R1(config-if)#ip address 1.1.1.1 255.255.255.255
```

#配置 ISP 接口 IP 地址

```
ISP2(config)#interface serial1/0
ISP2(config-if)#ip address 101.1.1.2 255.255.255.0
ISP2(config-if)#no shutdown
```

```
ISP2(config)#interface fastEthernet0/0
ISP2(config-if)#ip address 102.1.1.254 255.255.255.0
ISP2(config-if)#no shutdown
```

#配置 Sw1 接口 IP 地址

```
Sw1(config)#vlan 10
Sw1(config-vlan)#name CW
Sw1(config)#vlan 20
Sw1(config-vlan)#name WL
Sw1(config)#interface fastEthernet0/2
Sw1(config-if)#switchport trunk encapsulation dot1q
Sw1(config-if)#switchport mode trunk
Sw1(config)#interface vlan 10
Sw1(config-if)#ip address 192.168.10.254 255.255.255.0
Sw1(config-vlan)#no shutdown
Sw1(config)#interface vlan 20
Sw1(config-if)#ip address 192.168.20.254 255.255.255.0
Sw1(config-vlan)#no shutdown
Sw1(config)#interface fastEthernet0/1
Sw1(config-if)#no switchport
Sw1(config-if)#ip address 11.1.1.11 255.255.255.0
Sw1(config-if)#no shutdown
Sw1(config)#interface loopback0
Sw1(config-if)#ip address 11.11.11.11 255.255.255.255
Sw1(config-if)#no shutdown
```

#配置 Sw2 接口 IP 地址

```
Sw2(config)#vlan 30
Sw2(config-vlan)#name RS
Sw2(config)#vlan 40
Sw2(config-vlan)#name SC
Sw2(config)#interface fastEthernet0/2
Sw2(config-if)#switchport trunk encapsulation dot1q
Sw2(config-if)#switchport mode trunk
Sw2(config)#interface vlan 30
Sw2(config-if)#ip address 192.168.30.254 255.255.255.0
Sw2(config-vlan)#no shutdown
Sw2(config)#interface vlan 40
Sw2(config-if)#ip address 192.168.40.254 255.255.255.0
```

```
Sw2(config-vlan)#no shutdown
Sw2(config)#interface fastEthernet0/1
Sw2(config-if)#no switchport
Sw2(config-if)#ip address 21.1.1.22 255.255.255.0
Sw2(config)#interface loopback0
Sw2(config-if)#ip address 22.22.22.22 255.255.255.255
Sw2(config-if)#no shutdown
```

#配置 Sw3 接口 IP 地址

```
Sw3(config)#vlan 10
Sw3(config-vlan)#name CW
Sw3(config)#vlan 20
Sw3(config-vlan)#name WL
Sw3(config)#interface fastEthernet0/1
Sw3(config-if)#switchport mode access
Sw3(config-if)#switchport access vlan 10
Sw3(config)#interface fastEthernet0/2
Sw3(config-if)#switchport mode access
Sw3(config-if)#switchport access vlan 20
```

#配置 Sw4 接口 IP 地址

```
Sw4(config)#vlan 30
Sw4(config-vlan)#name RS
Sw4(config)#vlan 40
Sw4(config-vlan)#name SC
Sw4(config)#interface fastEthernet0/1
Sw4(config-if)#switchport mode access
Sw4(config-if)#switchport access vlan 30
Sw4(config)#interface fastEthernet0/2
Sw4(config-if)#switchport mode access
Sw4(config-if)#switchport access vlan 40
```

二、交换机配置

#配置 RSTP 协议

#在 Sw1 上激活 RSTP 协议

```
Sw1(config)#spanning-tree mode rapid-pvst
Sw1(config)#spanning-tree vlan 1-4096 priority 4096
```

#在 Sw2 上激活 RSTP 协议

Sw2(config)#spanning-tree mode rapid-pvst
Sw2(config)#spanning-tree vlan 1-4096 priority 8192

#在 Sw3 上激活 RSTP 协议
Sw3(config)#spanning-tree mode rapid-pvst

#在 Sw4 上激活 RSTP 协议
Sw4(config)#spanning-tree mode rapid-pvst

#验证 RSTP 协议
在 Sw1 上查看 RSTP 的工作状态，显示运行正常。

```
Sw1#show spanning-tree
VLAN0010
Spanning tree enabled protocol rstp
Root ID Priority4106
Address 0090.2B89.A392
This bridge is the root
Hello Time 2 sec Max Age 20 sec Forward Delay 15 sec

Bridge ID Priority4106 (priority 0 sys-id-ext 1)
Address 0090.2B89.A392
Hello Time 2 sec Max Age 20 sec Forward Delay 15 sec
Aging Time 20

Interface Role Sts Cost Prio.Nbr Type
--------------------------------------------------------------------------------
Fa0/2 Desg FWD 19 128.2 P2p
Fa0/23 Altn FWD 19 128.3 P2p
Fa0/24 Altn BLK 19 128.4 P2p

VLAN0020
Spanning tree enabled protocol rstp
Root ID Priority4116
Address 0090.2B89.A392
This bridge is the root
Hello Time 2 sec Max Age 20 sec Forward Delay 15 sec

Bridge ID Priority 4116 (priority 0 sys-id-ext 1)
Address 0090.2B89.A392
```

```
Hello Time 2 sec Max Age 20 sec Forward Delay 15 sec
Aging Time 20

Interface Role Sts Cost Prio. Nbr Type
-------------------------------------------------------------------------------

Fa0/2 Desg FWD 19 128. 2 P2p
Fa0/23 Altn FWD 19 128. 3 P2p
Fa0/24 Altn BLK 19 128. 4 P2p

VLAN0030
Spanning tree enabled protocol rstp
Root ID Priority4126
Address 0090. 2B89. A392
This bridge is the root
Hello Time 2 sec Max Age 20 sec Forward Delay 15 sec

Bridge ID Priority 4126 (priority 0 sys-id-ext 1)
Address 0090. 2B89. A392
Hello Time 2 sec Max Age 20 sec Forward Delay 15 sec
Aging Time 20

Interface Role Sts Cost Prio. Nbr Type
-------------------------------------------------------------------------------

Fa0/2 Desg FWD 19 128. 2 P2p
Fa0/23 Altn FWD 19 128. 3 P2p
Fa0/24 Altn BLK 19 128. 4 P2p

VLAN0040
Spanning tree enabled protocol rstp
Root ID Priority41360
Address 0090. 2B89. A392
This bridge is the root
Hello Time 2 sec Max Age 20 sec Forward Delay 15 sec

Bridge ID Priority 4136 (priority 0 sys-id-ext 1)
Address 0090. 2B89. A392
Hello Time 2 sec Max Age 20 sec Forward Delay 15 sec
Aging Time 20
```

```
Interface Role Sts Cost Prio.Nbr Type
-------------------------------------------------------------------------
Fa0/2 Desg FWD 19 128.2 P2p
Fa0/23 Altn FWD 19 128.3 P2p
Fa0/24 Altn BLK 19 128.4 P2p
```

#配置 etherchannel 协议

```
Sw1(config)#interface range fastEthernet0/23-fastEthernet0/24
Sw1(config-range-if)#channel-protocol lacp
Sw1(config-range-if)#channel-group 13 mode active
Sw1(config)#interface port-channel 13
Sw1(config-if)#switchport trunk encapsulation dot1q
Sw1(config-if)#switchport mode trunk
Sw1(config)#port-channel load-balance src-dst-mac

Sw3(config)#int range f0/23-f0/24
Sw3(config)#interface range fastEthernet0/23-fastEthernet0/24
Sw3(config-range-if)#channel-protocol lacp
Sw3(config-range-if)#channel-group 13 mode passive
Sw3(config)#interface port-channel 13
Sw3(config-if)#switchport trunk encapsulation dot1q
Sw3(config-if)#switchport mode trunk
Sw3(config)#port-channel load-balance src-dst-mac

Sw2(config)#interface range fastEthernet0/23-fastEthernet0/24
Sw2(config-range-if)#channel-protocol lacp
Sw2(config-range-if)#channel-group 24 mode active
Sw2(config)#interface port-channel 24
Sw2(config-if)#switchport trunk encapsulation dot1q
Sw2(config-if)#switchport mode trunk
Sw2(config)#port-channel load-balance src-dst-mac

Sw4(config)#interface range fastEthernet0/23-fastEthernet0/24
Sw4(config-range-if)#channel-protocol lacp
Sw4(config-range-if)#channel-group 24 mode passive
Sw4(config)#interface port-channel 24
Sw4(config-if)#switchport trunk encapsulation dot1q
Sw4(config-if)#switchport mode trunk
Sw4(config)#port-channel load-balance src-dst-mac
```

#验证 etherchannel 协议，如下，表明 etherchannel 协议运行正常

```
Sw1#sh etherchan su
Number of channel-groups in use: 1
Number of aggregators:           1
Group  Port-channel  Protocol  Ports
------+-------------+-----------+-----------------------------------------------
13     Po1(SU)        -          Fa0/23(P) Fa0/24(P)
Sw3#sh etherchan su
Number of channel-groups in use: 1
Number of aggregators:           1
Group  Port-channel  Protocol  Ports
------+-------------+-----------+-----------------------------------------------
13     Po1(SU)        -          Fa0/23(P) Fa0/24(P)
Sw2#sh etherchan su
Number of channel-groups in use: 1
Number of aggregators:           1
Group  Port-channel  Protocol  Ports
------+-------------+-----------+-----------------------------------------------
24     Po1(SU)        -          Fa0/23(P) Fa0/24(P)
Sw4#sh etherchan su
Number of channel-groups in use: 1
Number of aggregators:           1
Group  Port-channel  Protocol  Ports
------+-------------+-----------+-----------------------------------------------
24     Po1(SU)        -          Fa0/23(P) Fa0/24(P)
```

三、路由器配置

#配置 OSPF 协议

```
R1(config)#router ospf 110
R1(config-router)#router-id 1.1.1.1
R1(config-router)#network 11.1.1.1 0.0.0.0 area 0
R1(config-router)#network 21.1.1.1 0.0.0.0 area 0
R1(config-router)#network 1.1.1.1 0.0.0.0 area 0
R1(config)#ip route 0.0.0.0 0.0.0.0 101.1.1.2

Sw1(config)#router ospf 110
Sw1(config-router)#router-id 11.11.11.11
Sw1(config-router)#network 11.1.1.11 0.0.0.0 area 0
Sw1(config-router)#network 192.168.10.254 0.0.0.0 area 0
```

```
Sw1(config-router)#network 192.168.20.254 0.0.0.0 area 0
Sw1(config-router)#network 11.11.11.11 0.0.0.0 area 0
Sw1(config)#ip route 0.0.0.0 0.0.0.0 11.1.1.1

Sw2(config)#router ospf 110
Sw2(config-router)#router-id 22.22.22.22
Sw2(config-router)#network 21.1.1.22 0.0.0.0 area 0
Sw2(config-router)#network 192.168.30.254 0.0.0.0 area 0
Sw2(config-router)#network 192.168.40.254 0.0.0.0 area 0
Sw2(config-router)#network 22.22.22.22 0.0.0.0 area 0
Sw2(config)#ip route 0.0.0.0 0.0.0.0 21.1.1.1
```

#验证 OSPF 协议邻居关系

查看 R1 的邻居表，如下，表明 OSPF 系统邻居关系正常。

```
R1#show ip ospf neighbor
Neighbor ID     Pri   State        Dead Time    Address      Interface
11.11.11.11     1     FULL/DR      00:00:33     11.1.1.11    FastEthernet0/0
22.22.22.22     1     FULL/BDR     00:00:33     21.1.1.22    FastEthernet0/1
```

查看 Sw1 的邻居表，如下，表明 OSPF 系统邻居关系正常。

```
Sw1#show ip ospf neighbor
Neighbor ID     Pri   State        Dead Time    Address      Interface
1.1.1.1         1     FULL/BDR     00:00:37     11.1.1.1     FastEthernet0/1
```

查看 Sw2 的邻居表，如下，表明 OSPF 系统邻居关系正常。

```
Sw2#sh ip os nei
Neighbor ID     Pri   State        Dead Time    Address      Interface
1.1.1.1         1     FULL/DR      00:00:38     21.1.1.1     FastEthernet0/1
```

#验证 OSPF 协议路由条目

查看 R1 的路由表，如下，表明 OSPF 系统路由条目齐全。

```
R1#show ip route
Gateway of last resort is not set
        1.0.0.0/32 is subnetted, 1 subnets
C       1.1.1.1 is directly connected, Loopback0
        11.0.0.0/8 is variably subnetted, 2 subnets, 2 masks
C       11.1.1.0/24 is directly connected, FastEthernet0/0
O       11.11.11.11/32 [110/2] via 11.1.1.11, 00:10:46, FastEthernet0/0
        21.0.0.0/24 is subnetted, 1 subnets
C       21.1.1.0 is directly connected, FastEthernet0/1
        22.0.0.0/32 is subnetted, 1 subnets
```

```
O       22.22.22.22 [110/2] via 21.1.1.22, 00:07:51, FastEthernet0/1
O       192.168.10.0/24 [110/2] via 11.1.1.11, 00:10:56, FastEthernet0/0
O       192.168.20.0/24 [110/2] via 11.1.1.11, 00:10:56, FastEthernet0/0
O       192.168.30.0/24 [110/2] via 21.1.1.22, 00:07:51, FastEthernet0/1
O       192.168.40.0/24 [110/2] via 21.1.1.22, 00:07:51, FastEthernet0/1
```

查看 Sw1 的路由表,如下,表明 OSPF 系统路由条目齐全。

```
Sw1#show ip route
Gateway of last resort is not set
        1.0.0.0/32 is subnetted, 1 subnets
O       1.1.1.1 [110/2] via 11.1.1.1, 00:11:48, FastEthernet0/1
        11.0.0.0/8 is variably subnetted, 2 subnets, 2 masks
C       11.1.1.0/24 is directly connected, FastEthernet0/1
C       11.11.11.11/32 is directly connected, Loopback0
        21.0.0.0/24 is subnetted, 1 subnets
O       21.1.1.0 [110/2] via 11.1.1.1, 00:08:43, FastEthernet0/1
        22.0.0.0/32 is subnetted, 1 subnets
O       22.22.22.22 [110/3] via 11.1.1.1, 00:08:33, FastEthernet0/1
C       192.168.10.0/24 is directly connected, Vlan10
C       192.168.20.0/24 is directly connected, Vlan20
O       192.168.30.0/24 [110/3] via 11.1.1.1, 00:08:33, FastEthernet0/1
O       192.168.40.0/24 [110/3] via 11.1.1.1, 00:08:33, FastEthernet0/1
```

查看 Sw2 的路由表,如下,表明 OSPF 系统路由条目齐全。

```
Sw2#show ip route
Gateway of last resort is not set
        1.0.0.0/32 is subnetted, 1 subnets
O       1.1.1.1 [110/2] via 21.1.1.1, 00:09:24, FastEthernet0/1
        11.0.0.0/8 is variably subnetted, 2 subnets, 2 masks
O       11.1.1.0/24 [110/2] via 21.1.1.1, 00:09:24, FastEthernet0/1
O       11.11.11.11/32 [110/3] via 21.1.1.1, 00:09:24, FastEthernet0/1
        21.0.0.0/24 is subnetted, 1 subnets
C       21.1.1.0 is directly connected, FastEthernet0/1
        22.0.0.0/32 is subnetted, 1 subnets
C       22.22.22.22 is directly connected, Loopback0
O       192.168.10.0/24 [110/3] via 21.1.1.1, 00:09:24, FastEthernet0/1
O       192.168.20.0/24 [110/3] via 21.1.1.1, 00:09:24, FastEthernet0/1
C       192.168.30.0/24 is directly connected, Vlan30
C       192.168.40.0/24 is directly connected, Vlan40
```

#在三层交换机 Sw1 上配置访问控制列表

在没有做策略之前,使用 User1 访问 Server1,如下图 1.2 的 User1 界面,流量访问正常。

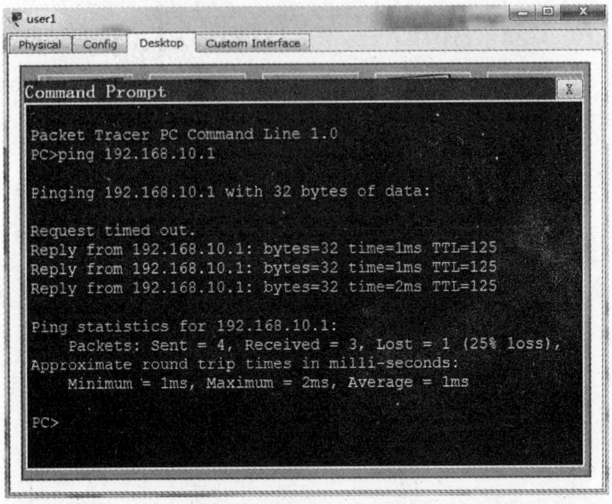

user1
Physical
Config
Desktop
Custom Interface
Command Prompt
Packet Tracer PC Command Line 1.0
PC>ping 192.168.10.1
Pinging 192.168.10.1 with 32 bytes of data:
Request timed out.
Reply from 192.168.10.1: bytes=32 time=1ms TTL=125
Reply from 192.168.10.1: bytes=32 time=1ms TTL=125
Reply from 192.168.10.1: bytes=32 time=2ms TTL=125
Ping statistics for 192.168.10.1:
Packets: Sent = 4, Received = 3, Lost = 1 (25% loss),
Approximate round trip times in milli-seconds:
Minimum = 1ms, Maximum = 2ms, Average = 1ms
PC>

图 1.2 User1 界面

在没有做策略之前,使用 User2 访问 Server1,如下图 1.3 User2 界面,流量访问正常。

user2
Physical
Config
Desktop
Custom Interface
Command Prompt
Packet Tracer PC Command Line 1.0
PC>ping 192.168.10.1
Pinging 192.168.10.1 with 32 bytes of data:
Reply from 192.168.10.1: bytes=32 time=1ms TTL=125
Reply from 192.168.10.1: bytes=32 time=0ms TTL=125
Reply from 192.168.10.1: bytes=32 time=0ms TTL=125
Reply from 192.168.10.1: bytes=32 time=0ms TTL=125
Ping statistics for 192.168.10.1:
Packets: Sent = 4, Received = 4, Lost = 0 (0% loss),
Approximate round trip times in milli-seconds:
Minimum = 0ms, Maximum = 1ms, Average = 0ms
PC>

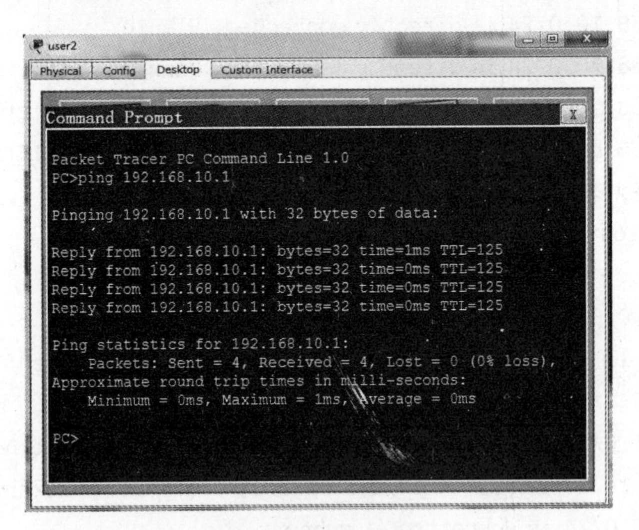

图 1.3 User2 界面

在没有做策略之前,使用 Server2 访问 Server1,如下图 1.4 Server2 界面,流量访问正常。

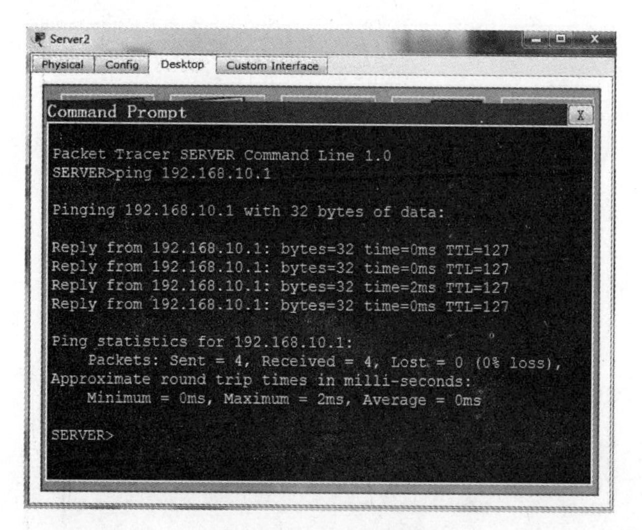

图 1.4 Server2 界面

Sw1 (config)#access-list 100 permit ip 192.168.10.0 0.0.0.255 192.168.30.0 0.0.0.255

Sw1(config)#access-list 100 permit ip 192.168.10.0 0.0.0.255 192.168.40.0 0.0.0.255

Sw1(config)#interface vlan 10

Sw1(config-if)#ip access-group 100 in

做完策略之前，使用 User1 访问 Server1，如下图 1.5 User1 界面，流量访问正常。

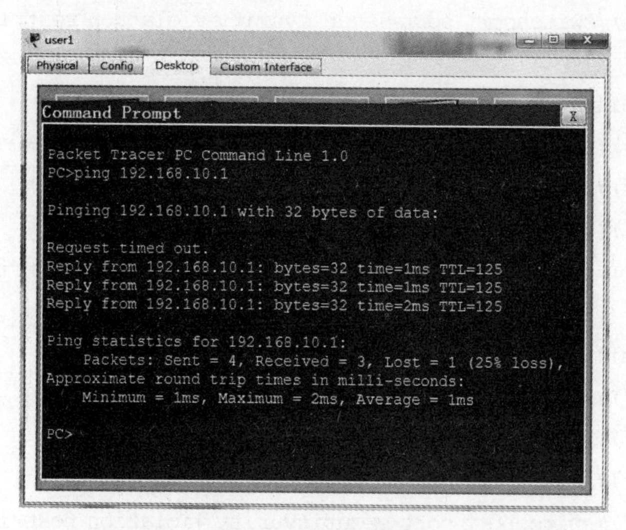

图 1.5 User1 界面

做完策略后使用 Server2 访问 Server1，Server2 界面流量已经访问控制列表阻挡。如下图 1.6 所示。

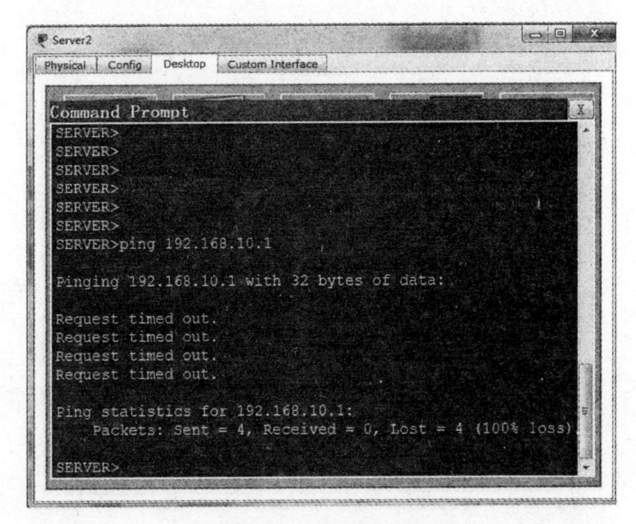

图 1.6　Server2 界面

四、安全管理

#配置交换机端口安全

```
Sw3(config)#interface fastEthernet0/1
Sw3(config-if)#switchport port-security
Sw3(config-if)#switchport port-security maximum 1
Sw3(config-if)#swithcport mac-address 00D0.585C.720D
Sw3(config-if)#switchport port-securityurity violation restrict

Sw3(config)#interface fastEthernet0/2
Sw3(config-if)#switchport port-security
Sw3(config-if)#switchport port-security maximum 1
Sw3(config-if)#swithcport mac-address 0060.2FCE.5B85
Sw3(config-if)#switchport port-securityurity violation restrict

Sw4(config)#interface fastEthernet0/1
Sw4(config-if)#switchport port-security
Sw4(config-if)#switchport port-security maximum 1
Sw4(config-if)#swithcport mac-address 000A.41BC.6841
Sw4(config-if)#switchport port-securityurity violation restrict

Sw4(config)#interface fastEthernet0/2
Sw4(config-if)#switchport port-security
Sw4(config-if)#switchport port-security maximum 1
Sw4(config-if)#swithcport mac-address 0007.EC3B.9025
```

```
Sw4(config-if)#switchport port-securityurity violation restrict
```

端口安全验证信息的配置，实验环境不再给出。

```
#配置 NAT 协议
R1(config)#access-list 1 deny 192.168.10.0 0.0.0.255
R1(config)#access-list 1 permit any
R1(config)#ip nat inside source list 1 interface serial1/0 overload
R1(config)#ip nat inside source static 192.168.10.1 101.1.1.3
```

```
#验证 NAT 协议
#使用 User1 连接 Server3
user1#ping 102.1.1.1
Type escape sequence to abort.
Sending 5, 100-byte ICMP Echos to 102.1.1.1, timeout is 2 seconds:
Packet sent with a source address of 192.168.30.1
!!!!!

#使用 User2 连接 Server3
user2#ping 102.1.1.1
Type escape sequence to abort.
Sending 5, 100-byte ICMP Echos to 102.1.1.1, timeout is 2 seconds:
Packet sent with a source address of 192.168.40.1
!!!!!

#使用 Server1 连接 Server3
user2#ping 102.1.1.1
Type escape sequence to abort.
Sending 5, 100-byte ICMP Echos to 102.1.1.1, timeout is 2 seconds:
Packet sent with a source address of 192.168.10.1
!!!!!
```

R1 上查看 NAT 转换表，如下，显示 NAT 正常转换。

```
R2#show ip nat translations
Pro Inside global      Inside local        Outside local      Outside global
icmp 101.1.1.1:10      192.168.30.1:10     102.1.1.1:10       102.1.1.1:10
icmp 101.1.1.1:20      192.168.40.1:20     102.1.1.1:20       102.1.1.1:20
icmp 101.1.1.3:10      192.168.10.1:10     102.1.1.1:30       102.1.1.1:30
—101.1.1.3             192.168.10.1        —                  —
```

#配置 telnet 协议

```
R1(config)#lin vty 0 4
R1(config-line)#password admin123
R1(config-line)#login

Sw1(config)#lin vty 0 4
Sw1(config-line)#password admin123
Sw1(config-line)#login

Sw2(config)#lin vty 0 4
Sw2(config-line)#password admin123
Sw2(config-line)#login
```

#验证 telnet，如下，表明 R2 通过 telnet 远程登录 R1 成功

```
Sw1#telnet 11.1.1.1
Username:admin123
Password:admin123
R1>
```

#配置 CHAP 协议

```
ISP2(config)#username admin123 password admin123
ISP2(config)#interface serial1/0
ISP2(config-if)#encapsulation ppp
ISP2(config-if)#ppp authentication chap

R1(config)#interface serial1/0
R1(config-if)#encapsulation ppp
R1(config-if)#ppp chap hostname admin123
R1(config-if)#ppp chap password admin123
```

#验证 CHAP 认证，如下，表明 chap 认证通过

```
R2#ping 101.1.1.2
Type escape sequence to abort.
Sending 5, 100-byte ICMP Echos to 101.1.1.2, timeout is 2 seconds:
!!!!!
Success rate is 100 percent (5/5), round-trip min/avg/max = 20/55/100 ms
```

项 目 二

【微信扫码】
学习辅助资源

项目背景

某公司为了实现快捷的信息交流和资源共享，需将原两个独立运营网络整合到统一网络。目前拥有财务部、技术部、行政部三个部门，大约有 40 个接入点用户。采用单核心网络架构接入模式，通过路由器接入城域网专用链路来传输业务数据流。公司为了安全管理每个部门的用户，使用 VLAN 技术将每个部门的用户划分到不同的 VLAN 中。原内部网络采用 OSPF 动态路由协议和 RIP 动态路由协议，通过优化网络路由提升网络通信性能。拓扑信息详见图 2.1 网络拓扑图、表 2.1 设备接口连接表、表 2.2 网络设备 IP 地址分配表。

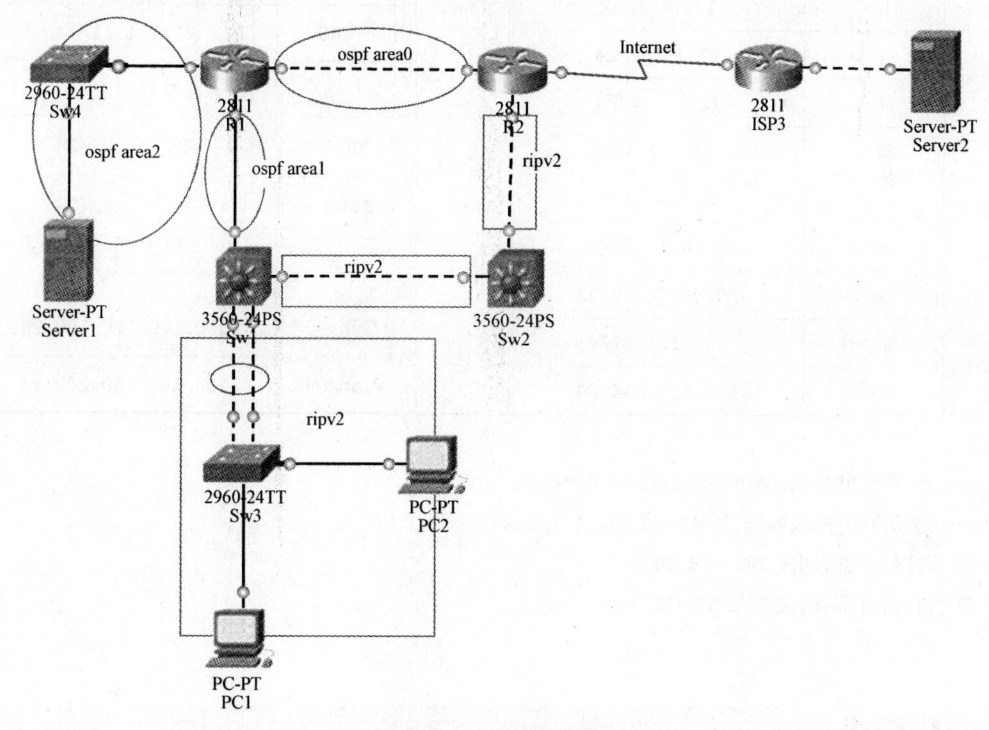

图 2.1　网络拓扑图

表 1　设备接口连接表

设备	端口	设备	端口	设备	端口	设备	端口
R1	F0/0	R2	F0/0	Sw1	F0/2	Sw2	F0/2
R1	F0/1	Sw4	F0/1	Sw1	F0/23,F0/24	Sw3	F0/23,F0/24
R1	F1/0	Sw1	F0/1	Sw3	F0/1	PC1	LAN
R2	F0/1	Sw2	F0/1	Sw3	F0/2	PC2	LAN
R2	S0/0	ISP3	S0/0	Sw4	F0/2	SERVER1	LAN
ISP3	F0/0	SERVER2	LAN				

表 2.2　网络设备 IP 地址分配表

设备	接口	IP 地址
R1	F0/0	12.1.1.1/24
	F1/0	11.1.1.1/24
	F0/1	192.168.10.254/24
	Lo0	1.1.1.1/32
R2	F0/0	12.1.1.2/24
	F0/1	22.1.1.2/24
	S0/0	101.1.1.1/24
	Lo0	2.2.2.2/32
	Lo10	10.10.10.10/32
	Lo20	20.20.20.20/32
ISP3	S0/0	101.1.1.2/24
	F0/0	102.1.1.254/24

设备	接口	IP 地址
Sw1	F0/1	11.1.1.11/24
	SVI20	192.168.20.254/24
	SVI30	192.168.30.254/24
	SVI40	21.1.1.11/24
	Lo0	11.11.11.11/32
Sw2	F0/1	22.1.1.22/24
	SVI40	21.1.1.22/24
	Lo0	22.22.22.22/32
	Vlan100	100.100.100.100/24
	Vlan200	200.200.200.200/24

注：

Server1 所在财务部，网段 192.168.10.0/24

Server2 仿真公网服务器，所在网段 102.1.1.0/24

PC1 所在技术部，网段 192.168.20.0/24

PC2 所在行政部，网段 192.168.30.0/24

项目需求

一、物理连接与 IP 地址划分

1. 按照网络拓扑图制作网线，并连接设备。要求符合 T568A 和 T568B 的标准，其线缆长度适中。

2. 依据图表信息所示，对网络中的所有设备接口配置 IP 地址。

二、交换机配置

1. 为了管理方便，便于识别设备，为所有交换设备更改名称，设备名称的命名规则与拓扑图图示名称相符。

2. 在所有交换设备上启用 SSH 功能，生成 RSA 密钥，用户名：admin123 密码：admin123，访问连接数为 16，用户认证超时时间为 60 秒，重连次数为 5 次。

3. 在所有交换设备上，使用系统登录标题：welcome login system!。在 30 分钟内，没有任何输入信息，网络设备连接超时。

4. 根据拓扑结构图划分 VLAN，并把相对应接口添加到 VLAN 中。

5. 在 Sw1 上配置 DHCP 服务器，让 VLAN10、VLAN20 的用户通过 Sw1 上的 DHCP 获得地址，租期为 2 天，为了避免地址冲突，并把 VLAN10、VLAN20 的网关与 PC1、PC2 地址进行排除。

6. 使用端口汇聚技术，将三层交换机 Sw1 接口 F0/23~F0/24 与二层交换机 Sw3 接口 F0/23~F0/24 配置为汇聚接口。聚合链路依据 source-mac 进行数据的负载均衡。

7. 在 Sw1 上配置策略，不允许技术部、行政部人员在工作时间访问 http 服务，其余时间不做限制。(上班时间：周一到周五 09:00~17:00)

三、 路由器配置

1. 为了管理方便，便于识别设备，为所有路由设备更改名称，设备名称的命名规则与拓扑图图示名称相符。

2. 在 R1 和 R2 上启用 telnet 协议，vty 密码和 enable 密码为：admin123。最多同时有 5 个人通过 telnet 登录路由器。

3. 基于拓扑信息配置公司使用 OSPF 和 RIP 路由协议。

4. 所有启用 OSPF 协议的接口上都使用 MD5 认证，认证密钥为：admin123。为了加快路由协议的收敛时间以及故障恢复时间，调整 RIP 时钟的更新时间为 20 秒，失效时间 120 秒，刷新时间 180 秒。

5. 在 Sw2 上配置 RIP 偏移列表，使 Sw2 走向 R2 的路由更新信息开销增加数值 5。

6. R2 与 Sw2 上启用 RIP 认证。认证方式为 MD5，字符串为 admin123。

7. 在 R2 和 Sw1 上使用重发布技术进行路由配置，采用 distance 方式解决路由次优路径产生的问题。

8. 在 R1 上使用策略路由，使 Server1 去往 VLAN100 和 VLAN200 网段的主机报文大小在 150~1500 之间的走 Sw1。

四、广域网配置

1. R2 与 ISP3 之间使用 PPP 封装，使用 CHAP 认证方式，ISP3 为验证端，用户名为 admin123，密码：admin123。

2. R2 连接 ISP3 的 S0/0 口是公司网络的出口，在 R2 上做 NAT 保证内网所有计算机都可以访问公网，并将内网服务器 Server1 映射到外网。

项目实施

一、物理连接与 IP 地址划分

```
#配置 R1 接口 IP 地址
Router(config)#hostname R1
R1(config)#interface fastEthernet0/0
R1(config-if)#ip address 12.1.1.1 255.255.255.0
R1(config-if)#no shutdown
R1(config)#interface fastEthernet0/1
R1(config-if)#ip address 192.168.10.254 255.255.255.0
R1(config-if)#no shutdown
R1(config)#interface fastEthernet1/0
R1(config-if)#ip address 11.1.1.1 255.255.255.0
R1(config-if)#no shutdown
R1(config)#interface loopback0
R1(config-if)#ip address 1.1.1.1 255.255.255.255

#配置 R2 接口 IP 地址
Router(config)#hostname R2
R2(config)#interface fastEthernet0/0
R2(config-if)#ip address 12.1.1.2 255.255.255.0
R2(config-if)#no shutdown
R2(config)#interface fastEthernet0/1
R2(config-if)#ip address 22.1.1.2 255.255.255.0
R2(config-if)#no shutdown
R2(config)#interface serial0/0
R2(config-if)#ip address 101.1.1.1 255.255.255.0
R2(config-if)#no shutdown
R2(config)#interface loopback0
R2(config-if)#ip address 2.2.2.2 255.255.255.255
R2(config-if)#no shutdown
R2(config)#interface loopback10
R2(config-if)#ip address 10.10.10.10 255.255.255.255
R2(config-if)#no shutdown
R2(config)#interface loopback20
R2(config-if)#ip address 20.20.20.20 255.255.255.255
R2(config-if)#no shutdown
```

#配置 Sw1 接口 IP 地址

```
Switch(config)#hostname Sw1
Sw1(config)#vlan 20
Sw1(config)#vlan 30
Sw1(config)#vlan 40
Sw1(config)#interface fastEthernet0/2
Sw1(config-if)#switchport trunk encapsulation dot1q
Sw1(config-if)#switchport mode trunk
Sw1(config)#interface fastEthernet0/1
Sw1(config-if)#no switchport
Sw1(config-if)#ip address 11.1.1.11 255.255.255.0
Sw1(config-if)#no shutdown
Sw1(config)#interface vlan 40
Sw1(config-vlan)#ip address 21.1.1.11 255.255.255.0
Sw1(config-vlan)#no shutdown
Sw1(config)#interface vlan 10
Sw1(config-vlan)#ip address 192.168.10.254 255.255.255.0
Sw1(config-vlan)#no shutdown
Sw1(config)#interface vlan 20
Sw1(config-vlan)#ip address 192.168.20.254 255.255.255.0
Sw1(config-vlan)#no shutdown
Sw1(config)#interface loopback0
Sw1(config-if)#ip address 11.11.11.11 255.255.255.255
Sw1(config-if)#no shutdown
```

#配置 Sw2 接口 IP 地址

```
Switch(config)#hostname Sw2
Sw2(config)#vlan 40
Sw2(config)#vlan 100
Sw2(config)#vlan 200
Sw2(config)#interface fastEthernet0/2
Sw2(config-if)#switchport trunk encapsulation dot1q
Sw2(config-if)#switchport mode trunk
Sw2(config)#interface fastEthernet0/1
Sw2(config-if)#no switchport
Sw2(config-if)#ip address 22.1.1.22 255.255.255.0
Sw2(config-if)#no shutdown
Sw2(config)#interface vlan 40
Sw2(config-vlan)#ip address 21.1.1.22255.255.255.0
```

```
Sw2(config-vlan)#no shutdown
Sw2(config)#interface vlan 100
Sw2(config-vlan)#ip address 100.100.100.100 255.255.255.255
Sw2(config-vlan)#no shutdown
Sw2(config)#interface vlan 200
Sw2(config-vlan)#ip address 200.200.200.200 255.255.255.255
Sw2(config-vlan)#no shutdown
Sw2(config)#interface loopback0
Sw2(config-if)#ip address 22.22.22.22 255.255.255.255
Sw2(config-if)#no shutdown
```

#配置 Sw3 接口 IP 地址

```
Switch(config)#hostname Sw3
Sw3(config)#vlan 20
Sw3(config)#vlan 30
Sw3(config)#interface fastEthernet0/1
Sw3(config-if)#switchport mode access
Sw3(config-if)#switchport access vlan 20
Sw3(config)#interface fastEthernet0/2
Sw3(config-if)#switchport mode access
Sw3(config-if)#switchport access vlan 30
```

#配置 Sw4 接口 IP 地址

```
Switch(config)#hostname Sw4
Sw4(config)#vlan 10
Sw4(config)#interface fastEthernet0/2
Sw4(config-if)#switchport mode access
Sw4(config-if)#switchport access vlan 10
Sw4(config)#interface fastEthernet0/1
Sw4(config)#switchport trunk encapsulation dot1q
Sw4(config-if)#switchport mode trunk
```

二、交换机配置

#在交换机上配置 SSH 协议及 banner

```
Sw1/Sw2/Sw3/Sw4(config)#ip ssh timeout 60
Sw1/Sw2/Sw3/Sw4(config)#ip ssh version 2
Sw1/Sw2/Sw3/Sw4 (config)#ip ssh authentication-retries 5
Sw1/Sw2/Sw3/Sw4 (config)#ip ssh maxstartups 16
Sw1/Sw2/Sw3/Sw4 (config)#ip domain-name admin123
```

```
Sw1/Sw2/Sw3/Sw4 (config)#cry key generate rsa generate-kes modulus 1024
Sw1/Sw2/Sw3/Sw4 (config)#username admin123 password admin123
Sw1/Sw2/Sw3/Sw4 (config)#line vty 0 4
Sw1/Sw2/Sw3/Sw4 (config-line)#transport input ssh
Sw1/Sw2/Sw3/Sw4 (config-line)#login local

Sw1/Sw2/Sw3/Sw4(config)#username admin123 password admin123
Sw1/Sw2/Sw3/Sw3(config)#banner login prompt-timeout 30
Welcome login system!
```

#验证 SSH 协议及 banner，若结果如下，表明 Sw2 通过 SSH 远程登录 Sw1 成功，banner 信息回显正常。

```
Sw2#ssh-l admin123 21.1.1.22
Password: admin123
ro 30
welcome login system!
Sw1>
```

#在交换机上配置 DHCP 协议

```
Sw1(config)#ip dhcp pool vlan10
Sw1(dhcp-config)#network 192.168.10.0 255.255.255.0
Sw1(dhcp-config)#network default-router 192.168.10.254
Sw1(dhcp-config)#dns-server 8.8.8.8
Sw1(dhcp-config)#lease 2
Sw1(config)#ip dhcp exclouded-address 192.168.10.254

Sw1(config)#ip dhcp pool vlan20
Sw1(dhcp-config)#network 192.168.20.0 255.255.255.0
Sw1(dhcp-config)#network default-router 192.168.20.254
Sw1(dhcp-config)#dns-server 8.8.8.8
Sw1(dhcp-config)#lease 2
Sw1(config)#ip dhcp exclouded-address 192.168.20.254
```

#在 PC1 验证 DHCP 获取 IP 地址，如下图 2.2 PC1 界面所示。

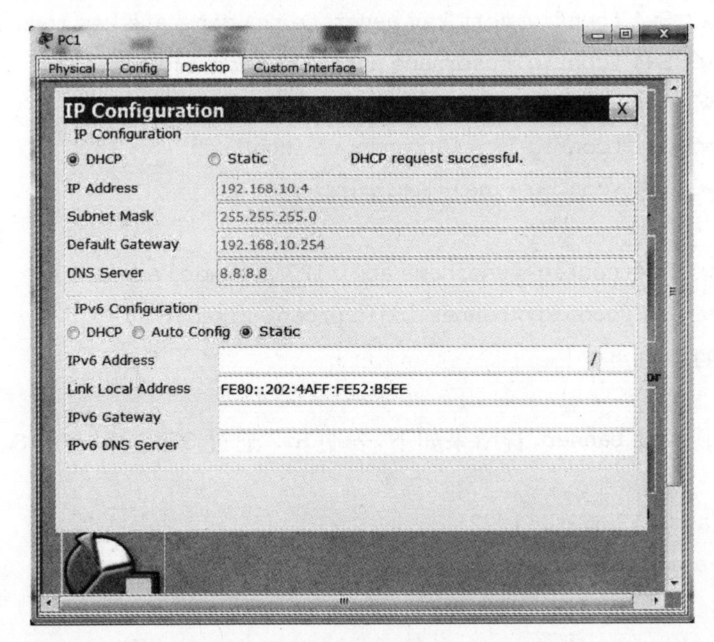

图 2.2 PC1 界面

#在 PC2 验证 DHCP 获取 IP 地址，如下图 2.3 PC2 界面所示。

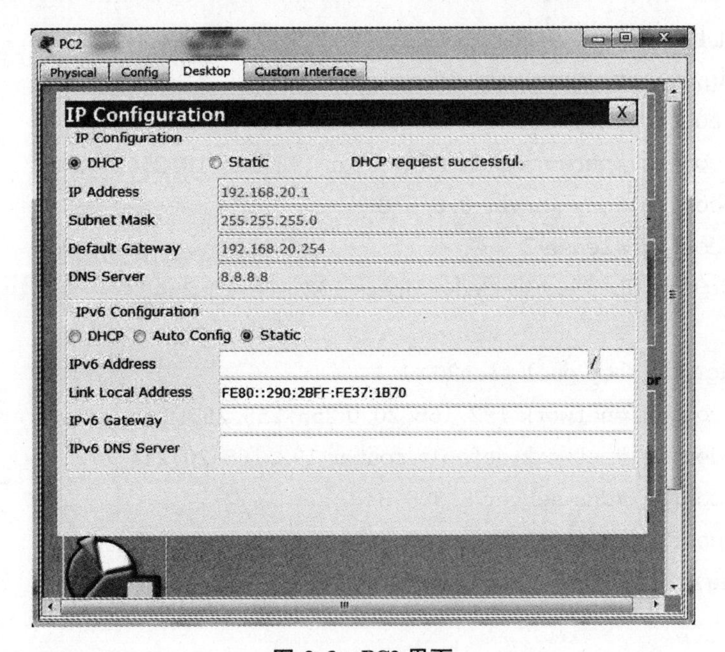

图 2.3 PC2 界面

#在交换机上配置端口汇聚

Sw1(config)#interface range fastEthernet0/23-24

Sw1(config-range-if)#channel-group 13 mode on

Sw1(config)#interface port-channel 13

Sw1(config-if)#switchport trunk encapsulation dot1q

```
Sw1(config-if)#switchport mode trunk
Sw1(config)#port-channel load-balance src-mac

Sw3(config)#interface range fastEthernet0/23-24
Sw3(config-range-if)#channel-group 13 mode on
Sw3(config)#interface port-channel13
Sw3(config-if)#switchport trunk encapsulation dot1q
Sw3(config-if)#switchport mode trunk
Sw3(config)#port-channel load-balance src-mac
```

#验证 Etherchannel 协议,如下,表明 etherchannel 协议运作正常

```
Sw1#show etherchannel summary
Number of channel-groups in use: 1
Number of aggregators:          1
Group  Port-channel  Protocol  Ports
------+---------+------------+----------------------------------------
13     Po1(SU)       -         Fa0/23(P) Fa0/24(P)

Sw3#sh etherchan su
Number of channel-groups in use: 1
Number of aggregators:          1
Group  Port-channel  Protocol  Ports
------+---------+------------+----------------------------------------
13     Po1(SU)       -         Fa0/23(P) Fa0/24(P)
```

#在交换机 Sw1 上配置基于时间的访问控制列表

```
Sw1(config)#time-range mqc
Sw1(config-time-range)#pre weekadys 09:00 to 17:00
Sw1(config)#access-list 100 deny 192.168.10.0 0.0.0.255 any time-range mqc
Sw1(config)#access-list 100 permit ip an an
Sw1(config)#interface vlan 10
Sw1(config-vlan)#ip access-group 100 in
Sw1(config)#interface vlan 20
Sw1(config-vlan)#ip access-group 100 in
```

#验证基于时间的访问控制列表

```
Sw1#show clock
*14:53:33.079 UTC Fri Mar 1 2018
```

在没有做策略之前,使用 PC1 访问 http 流量,如下图 2.4 PC2 界面,流量访问正常。

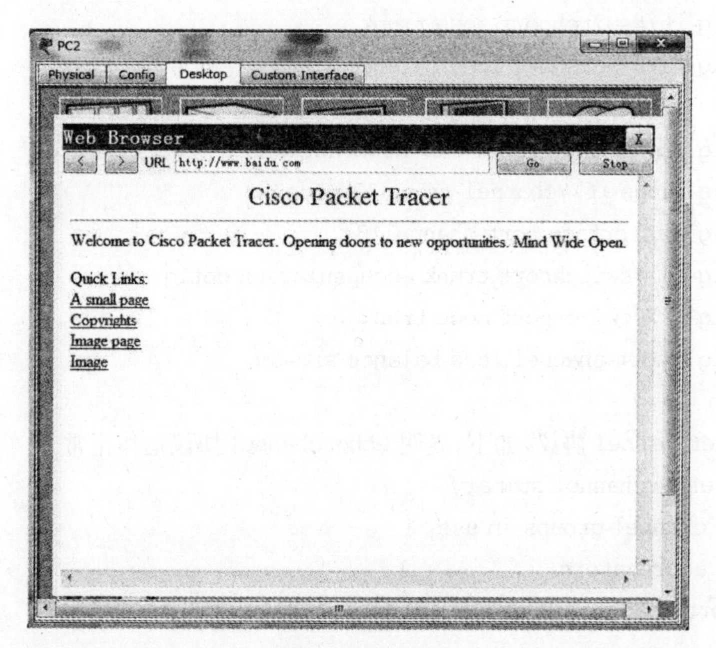

图 2.4 PC2 界面

在做了策略之后，使用 PC1 访问 http 流量，如下图 2.5 PC2 界面，http 流量请求失败。

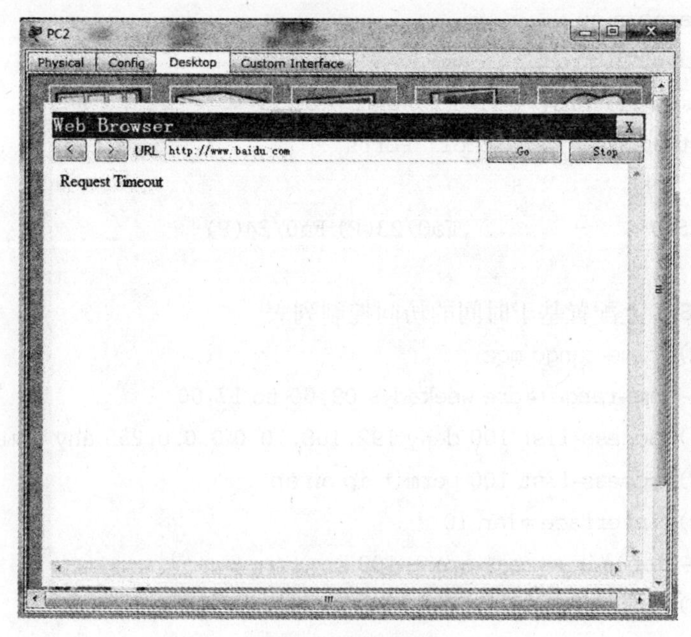

图 2.5 PC2 界面

三、路由器配置

#在路由器上配置 telnet 协议

R1/R2(config)#username admin password admin

```
R1/R2(config)#lin vty 0 4
R1/R2(config-line)#transport-input ssh
R1/R2(config-line)#login local
```

验证 telnet,如下,表明 R2 通过 telnet 远程登录 R1 成功。

```
R2#telnet 21.1.1.11
Username:admin123
Password:admin123
R1>
```

#配置 OSPF 协议

```
R1(config)#interface fastEthernet0/0
R1(config-if)#ip ospf authentication message-digest
R1(config-if)#ip ospf message-digest-key 1 md5 admin123
R1(config)#interface fastEthernet1/0
R1(config-if)#ip ospf authentication message-digest
R1(config-if)#ip ospf message-digest-key 1 md5 admin123
R1(config)#router ospf 110
R1(config-router)#router-id 1.1.1.1
R1(config-router)#network 12.1.1.1 0.0.0.0 area 0
R1(config-router)#network 11.1.1.1 0.0.0.0 area 1
R1(config-router)#network 192.168.10.254 0.0.0.0 area 2
R1(config-router)#network 1.1.1.1 0.0.0.0 area 0

R2(config)#interface fastEthernet0/0
R2(config-if)#ip ospf authentication message-digest
R2(config-if)#ip ospf message-digest-key 1 md5 admin123
R2(config)#router ospf 110
R2(config-router)#router-id 2.2.2.2
R2(config-router)#network 12.1.1.2 0.0.0.0 area 0
R2(config-router)#network 2.2.2.2 0.0.0.0 area 0
R2(config-router)#network 10.10.10.10 0.0.0.0 area 0
R2(config-router)#network 20.20.20.20 0.0.0.0 area 0

Sw1(config)#interface fastEthernet0/1
Sw1(config-if)#ip ospf authentication message-digest
Sw1(config-if)#ip ospf message-digest-key 1 md5 admin123
Sw1(config)#router ospf 110
Sw1(config-router)#router-id 11.11.11.11
```

```
Sw1(config-router)#network 11.1.1.11 0.0.0.0 area 1
Sw1(config-router)#network 11.11.11.11 0.0.0.0 area 1
```

#验证 OSPF 协议邻居关系

查看 R1 的邻居表，如下，表明 OSPF 系统邻居关系正常。

```
R1#show ip ospf neighbor
Neighbor ID     Pri   State          Dead Time    Address       Interface
2.2.2.2         1     FULL/BDR       00:00:33     12.1.1.2      FastEthernet0/0
11.11.11.11     1     FULL/BDR       00:00:36     11.1.1.11     FastEthernet1/0
```

查看 R2 的邻居表，如下，表明 OSPF 系统邻居关系正常。

```
R2#show ip ospf neighbor
Neighbor ID     Pri   State          Dead Time    Address       Interface
1.1.1.1         1     FULL/BDR       00:00:33     12.1.1.1      FastEthernet0/0
```

查看 Sw3 的邻居表，如下，表明 OSPF 系统邻居关系正常。

```
Sw3#show ip ospf neighbor
Neighbor ID     Pri   State          Dead Time    Address       Interface
1.1.1.1         1     FULL/BDR       00:00:33     12.1.1.1      FastEthernet0/1
```

#验证 OSPF 协议路由条目

查看 R1 的路由表，如下，表明 OSPF 系统路由条目齐全。

```
R1#  show ip route
        1.0.0.0/32 is subnetted, 1 subnets
C       1.1.1.1 is directly connected, Loopback0
        2.0.0.0/32 is subnetted, 1 subnets
O       2.2.2.2 [110/2] via 12.1.1.2, 00:20:30, FastEthernet0/0
        20.0.0.0/32 is subnetted, 1 subnets
O       20.20.20.20 [110/2] via 12.1.1.2, 00:20:30, FastEthernet0/0
C       192.168.10.0/24 is directly connected, FastEthernet0/1
        10.0.0.0/32 is subnetted, 1 subnets
O       10.10.10.10 [110/2] via 12.1.1.2, 00:20:30, FastEthernet0/0
        11.0.0.0/24 is subnetted, 1 subnets
C       11.1.1.0 is directly connected, FastEthernet1/0
        11.0.0.0/32 is subnetted, 1 subnets
O       11.11.11.11 [110/2] via 11.1.1.1, 00:20:30, FastEthernet1/0
        12.0.0.0/24 is subnetted, 1 subnets
C       12.1.1.0 is directly connected, FastEthernet0/0
```

#配置 RIP 协议

```
Sw1(config)#router rip
Sw1(config-router)#version 2
Sw1(config-router)#no auto-summary
Sw1(config-router)#network 192.168.20.0
Sw1(config-router)#network 192.168.30.0
Sw1(config-router)#network 21.0.0.0
Sw1(config-router)#timers basic 20 120 60 180

Sw2(config)#key chain rip
Sw2(config-keychain)#key 1
Sw2(config-keychain-key)#key-string admin123
Sw2(config)#interface fastEthernet0/1
Sw2(config)#ip rip authen mode md5
Sw2(config)#ip rip authen key-chain rip
R2(config)#router rip
R2(config-router)#version 2
R2(config-router)#no auto-summary
R2(config-router)#network 22.0.0.0
R2(config-router)#timers basic 20 120 60 180
```

#验证 RIP 协议路由条目

查看 R2 的路由表,如下,表明 RIP 系统路由条目齐全。

```
R2#show ip route
        200.200.200.0/32 is subnetted, 1 subnets
R       200.200.200.200 [120/1] via 22.1.1.22, 00:00:01, FastEthernet2/0
        2.0.0.0/32 is subnetted, 1 subnets
C       2.2.2.2 is directly connected, Loopback0
        100.0.0.0/32 is subnetted, 1 subnets
R       100.100.100.100 [120/1] via 22.1.1.22, 00:00:01, FastEthernet2/0
        21.0.0.0/24 is subnetted, 1 subnets
R       21.1.1.0 [120/1] via 22.1.1.22, 00:00:01, FastEthernet2/0
        20.0.0.0/32 is subnetted, 1 subnets
C       20.20.20.20 is directly connected, Loopback20
        22.0.0.0/24 is subnetted, 1 subnets
C       22.1.1.0 is directly connected, FastEthernet2/0
        10.0.0.0/32 is subnetted, 1 subnets
C       10.10.10.10 is directly connected, Loopback10
        12.0.0.0/24 is subnetted, 1 subnets
```

```
C       12.1.1.0 is directly connected, FastEthernet0/0
```

#配置 RIP 与 OSPF 的双向双点重发布

```
R2(config)#router ospf 110
R2(config-router)#redistribute rip subnets
R2(config)#router rip
R2(config-router)#redistribute ospf 110 metric 1

Sw1(config)#router ospf 110
Sw1(config-router)#redistribute rip subnets
Sw1(config)#router rip
Sw1(config-router)#redistribute ospf 110 metric 1
```

#验证公司路由是否齐全

查看 R1 的路由表，如下，表明公司内部路由齐全。

```
R1#show ip route
        200.200.200.0/32 is subnetted, 1 subnets
O E2    200.200.200.200 [110/20] via 12.1.1.2, 00:02:45, FastEthernet0/0
        1.0.0.0/32 is subnetted, 1 subnets
C       1.1.1.1 is directly connected, Loopback0
        2.0.0.0/32 is subnetted, 1 subnets
O       2.2.2.2 [110/2] via 12.1.1.2, 00:02:55, FastEthernet0/0
        100.0.0.0/32 is subnetted, 1 subnets
O E2    100.100.100.100 [110/20] via 12.1.1.2, 00:02:45, FastEthernet0/0
        21.0.0.0/24 is subnetted, 1 subnets
O E2    21.1.1.0 [110/20] via 11.1.1.11, 00:02:41, FastEthernet1/0
        20.0.0.0/32 is subnetted, 1 subnets
O       20.20.20.20 [110/2] via 12.1.1.2, 00:02:57, FastEthernet0/0
C       192.168.10.0/24 is directly connected, Loopback10
        22.0.0.0/24 is subnetted, 1 subnets
O E2    22.1.1.0 [110/20] via 12.1.1.2, 00:02:47, FastEthernet0/0
        10.0.0.0/32 is subnetted, 1 subnets
O       10.10.10.10 [110/2] via 12.1.1.2, 00:02:57, FastEthernet0/0
        11.0.0.0/24 is subnetted, 1 subnets
C       11.1.1.0 is directly connected, FastEthernet1/0
        12.0.0.0/24 is subnetted, 1 subnets
C       12.1.1.0 is directly connected, FastEthernet0/0
```

情况 1

#查看 R2 的路由表

```
R2#show ip route 22.22.22.22 255.255.255.255
        22.0.0.0/8 is variably subnetted, 2 subnets, 2 masks
O E2    22.22.22.22/32 [110/20] via 12.1.1.1, 00:00:03, FastEthernet0/0
```

#查看 Sw1 的路由表

```
Sw1#show ip route 22.22.22.22 255.255.255.255
        22.0.0.0/8 is variably subnetted, 2 subnets, 2 masks
R       22.22.22.22/32 [120/2] via 21.1.1.22, 00:00:03, FastEthernet0/2
```

情况 2

#查看 R2 的路由表

```
R2#show ip route 22.22.22.22 255.255.255.255
        22.0.0.0/8 is variably subnetted, 2 subnets, 2 masks
R       22.22.22.22/32 [120/2] via 22.1.1.22, 00:00:03, FastEthernet0/1
```

#查看 Sw1 的路由表

```
Sw1#show ip route 22.22.22.22 255.255.255.255
        22.0.0.0/8 is variably subnetted, 2 subnets, 2 masks
O E2    22.22.22.22/32 [120/2] via 11.1.1.1, 00:00:03, FastEthernet0/1
```

同上以上信息得知,R2 或者 Sw1 去往 Sw2 的 lo0 接口选择从 OSPF 区域通过。

如果是在 Sw1 上先执行重发布,R2 选择 OSPF 区域去往 Sw2 的 lo 接口。

如果是在 R2 先上执行重发布,R4 选择 OSPF 区域去往 Sw2 的 lo 接口。

上述问题,是重发布的反弹路由导致的。

我们通过,在 R2 和 Sw1 上修改 OSPF 的外部管理距离来解决上述问题。

```
R2(config)#router ospf 110
R2(config-router)#distance ospf external 121

Sw1(config)#router ospf 110
Sw1(config-router)#distance ospf external 121
```

#查看 R2 的路由表,路径显示正常

```
R2#show ip route 22.22.22.22 255.255.255.255
        22.0.0.0/8 is variably subnetted, 2 subnets, 2 masks
R       22.22.22.22/32 [120/2] via 22.1.1.22, 00:00:03, FastEthernet0/1
```

#查看 Sw1 的路由表，路径显示正常

```
Sw1#show ip route 22.22.22.22 255.255.255.255
        22.0.0.0/8 is variably subnetted, 2 subnets, 2 masks
R       22.22.22.22/32 [120/2] via 21.1.1.22, 00:00:03, FastEthernet0/2
```

#配置策略路由，使 Server1 去往 VLAN100 和 VLAN200 网段的主机报文大小在 150~1 500 之间的走 Sw1。

```
R1(config)#access-list 100 permit ip any 100.100.100.0 0.0.0.255
R1(config)#access-list 100 permit ip any 200.200.200.0 0.0.0.255
R1(config)#route-map mqc permit 10
R1(config-route-map)#match ip address 100
R1(config-route-map)#match length 150 1500
R1(config-route-map)#set next-hop 11.1.1.11
```

#验证部分，实验环境有限无法模拟数据。

广域网配置

#配置 CHAP 认证

```
ISP3(config)#username admin123 passwork 123
ISP3(config)#interface serial0/0
ISP3(config-if)#encapsulation ppp
ISP3(config-if)#ppp authentication chap

R2(config)#interface serial0/0
R2(config-if)#encapsulation ppp
R2(config-if)#ppp chap hostname admin123
R2(config-if)#ppp chap passwork admin123
```

#验证 CHAP 认证，如下，表明 CHAP 认证通过

```
R2#ping 101.1.1.2
Type escape sequence to abort.
Sending 5, 100-byte ICMP Echos to 101.1.1.2, timeout is 2 seconds:
!!!!!
Success rate is 100 percent (5/5), round-trip min/avg/max = 20/55/100 ms
```

#配置 NAT

使用端口 NAT 实现内部终端连接互联网。

```
R2(config)#access-list 1 deny 192.168.10.0 0.0.0.255
R2(config)#access-list 1 permit any
```

```
R2(config)#ip nat inside source list 1 interface serial0/0 overload
R2(config)#ip nat inside source 192.168.10.1 101.1.1.3
R2(config)#interface fastEthernet0/0
R2(config-if)#ip nat inside
R2(config)#interface fastEthernet0/1
R2(config-if)#ip nat inside
R2(config)#interface serial0/0
R2(config-if)#ip nat outside
```

#验证 NAT

使用 Server1 连接 Server2。

```
Server1#ping 102.1.1.1
Type escape sequence to abort.
Sending 5, 100-byte ICMP Echos to 102.1.1.1, timeout is 2 seconds:
Packet sent with a source address of 192.168.10.1
!!!!!
```

使用 PC1 连接 Server2。

```
PC1#ping 102.1.1.1
Type escape sequence to abort.
Sending 5, 100-byte ICMP Echos to 102.1.1.1, timeout is 2 seconds:
Packet sent with a source address of 192.168.20.1
!!!!!
```

使用 PC2 连接 Server2。

```
PC1#ping 102.1.1.1
Type escape sequence to abort.
Sending 5, 100-byte ICMP Echos to 102.1.1.1, timeout is 2 seconds:
Packet sent with a source address of 192.168.30.1
!!!!!
```

R2 上查看 NAT 转换表,如下,显示 NAT 正常转换。

```
R2#show ip nat translations
Pro Inside global       Inside local       Outside local      Outside global
icmp 101.1.1.1:10       192.168.20.1:10    102.1.1.1:10       102.1.1.1:10
icmp 101.1.1.1:20       192.168.30.1:20    102.1.1.1:20       102.1.1.1:20
icmp 101.1.1.3:10       192.168.10.1:10    102.1.1.1:30       102.1.1.1:30
—101.1.1.3              192.168.10.1       —                  —
```

【微信扫码】
学习辅助资源

项 目 三

项目背景

市场上有很多提供互联网服务的 ISP(互联网服务提供商)。公司间在接入 ISP 的选择上也是不一样的。不同的 ISP 之间需要实现快捷的信息交流和资源共享,来满足所有接入用户的需求。考虑到每个 ISP 的规模都很大,将每个 ISP 分成单个的自制系统,每个自制系统之间靠 BGP 协议传递路由,自制系统内部使用 OSPF 协议。

接入用户在边界网关设备上运行端口 NAT 实现本地所有终端实现上网;公司门户网站服务器使用静态 NAT 使得其他用户能够访问。拓扑如图 3.1。设备接口连接如表 3.1。网络设备 IP 地址分配如表 3.2。

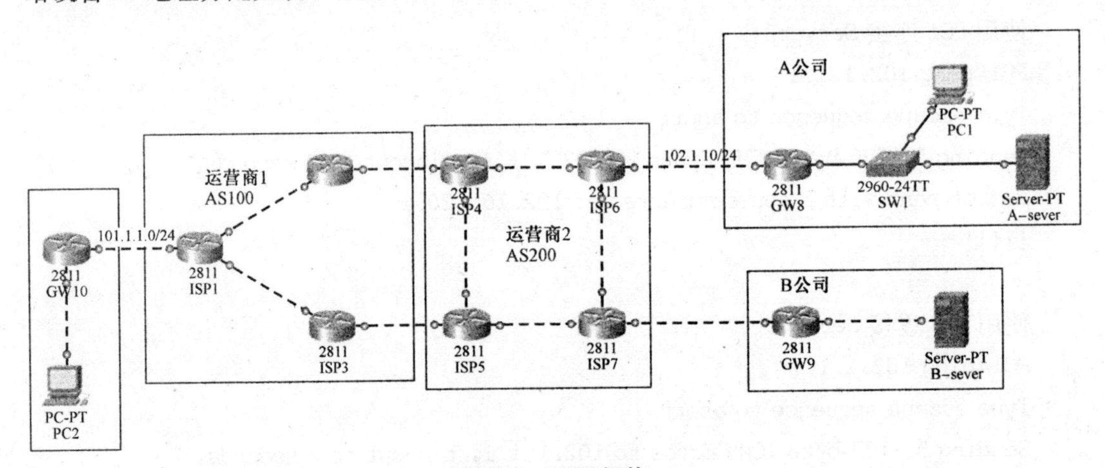

图 3.1　BGP 拓扑

表 3.1　设备接口连接表

设备	端口	设备	端口	设备	端口	设备	端口
ISP1	F0/0	GW10	F1/0	ISP4	F0/0	ISP3	F1/0
ISP1	F1/0	ISP2	F0/0	ISP4	F1/0	ISP7	F0/0
ISP1	F2/0	Sw1	F0/1	ISP4	F2/0	ISP5	F2/0
ISP2	F0/0	ISP1	F1/0	ISP5	F0/0	ISP5	F0/0
ISP2	F1/0	ISP5	F0/0	ISP5	F1/0	ISP6	F0/0
ISP3	F0/0	ISP1	F2/0	ISP5	F2/0	ISP4	F2/0
ISP3	F1/2	ISP4	F0/0	ISP6	F0/0	ISP5	F1/0

（续表）

设备	端口	设备	端口	设备	端口	设备	端口
ISP6	F1/0	GW8	F0/0	GW10	F0/0	PC2	F0/0
ISP6	F2/0	ISP7	F2/0	GW10	F1/0	ISP1	F0/0
ISP7	F0/0	ISP4	F1/0	Sw1	F0/0	GW8	F1/0
ISP7	F1/0	GW9	F0/0	Sw1	F0/1	PC1	F0/0
ISP7	F2/0	ISP6	F2/0	Sw1	F0/2	A-server	F0/0
GW8	F0/0	ISP6	F1/0	PC1	F0/0	Sw1	F0/1
GW8	F1/0	Sw1	F0/0	PC2	F0/0	GW10	F0/0
GW9	F0/0	ISP7	F1/0	B-server	F0/0	GW9	F1/0
GW9	F1/0	B-server	F0/0				

表 3.2 网络设备 IP 地址分配表

设备	接口	IP 地址	设备	接口	IP 地址
ISP1	F0/0	101.1.1.1/24	ISP6	F2/0	67.1.1.6/24
	F1/0	12.1.1.1/24		Lo0	6.6.6.6/32
	F2/0	13.1.1.1/24	ISP7	F0/0	47.1.1.7/24
	Lo0	1.1.1.1/32		F1/0	103.1.1.7/24
ISP2	F0/0	12.1.1.2/24		F2/0	67.1.1.7/24
	F1/0	104.1.1.2/24		Lo0	7.7.7.7/32
	Lo0	2.2.2.2/32	GW8	F0/0	102.1.1.8/24
ISP3	F0/0	13.1.1.3/24		F1/0.10	192.168.10.254/24
	F1/0	105.1.1.3/24		F1/0.20	192.168.20.254/24
	Lo0	3.3.3.3/32	GW9	F0/0	103.1.1.9/24
ISP4	F0/0	105.1.1.4/24		F1/0	192.168.10.254/24
	F1/0	47.1.1.4/24	GW10	F0/0	192.168.10.254/24
	F2/0	45.1.1.4/24		F1/0	101.1.1.10/24
	Lo0	4.4.4.4/32	Sw1	F0/1	VLAN10
ISP5	F0/0	104.1.1.5/24		F0/2	VLAN20
	F1/0	56.1.1.5/24		F0/0	TRUNK
	F2/0	45.1.1.5/24	PC1	F0/0	192.168.10.1/24
	Lo0	5.5.5.5/32	PC2	F0/0	192.168.10.1/24
ISP6	F0/0	56.1.1.6/24	A-sever	F0/0	192.168.20.1/24
	F1/0	102.1.1.6/24	B-server	F0/0	192.168.10.1/24

项目需求

一、运营商1接入用户配置需求

1. 按照网络拓扑图制作以太网网线，并连接设备。要求符合 T568A 和 T568B 的标准，其线缆长度适中。

2. 依据图表信息所示，对网络中的所有设备接口配置 IP 地址。

3. GW10 不运行动态路由协议，允许配置一条默认路由。

4. GW10 连接 ISP1 的 F1/0 口是公司网络的出口，在 GW10 上做 NAT 保证内网所有计算机都可以访问公网。

二、A 公司配置需求

1. 按照网络拓扑图制作以太网网线，并连接设备。要求符合 T568A 和 T568B 的标准，其线缆长度适中。

2. 依据图表信息所示，对网络中的所有设备接口配置 IP 地址。

3. 为了管理方便，便于识别设备，为所有路由设备更改名称，设备名称的命名规则与拓扑图图示名称相符。

4. GW8 不运行动态路由协议，允许配置一条默认路由。在 GW8 上做 NAT 将内网服务器 A-sever 映射到外网接口。

三、B 公司配置需求

1. 按照网络拓扑图制作以太网网线，并连接设备。要求符合 T568A 和 T568B 的标准，其线缆长度适中。

2. 依据图表信息所示，对网络中的所有设备接口配置 IP 地址。

3. 为了管理方便，便于识别设备，为所有路由设备更改名称，设备名称的命名规则与拓扑图图示名称相符。

4. GW9 连接 ISP7 的 F0/0 口是公司网络的出口，在 GW8 上做 NAT 将内网服务器 B-sever 映射到外网接口。

四、运营商1需求配置

1. 按照网络拓扑图制作以太网网线，并连接设备。要求符合 T568A 和 T568B 的标准，其线缆长度适中。

2. 依据图表信息所示，对网络中的所有设备接口配置 IP 地址。

3. 为了管理方便，便于识别设备，为所有路由设备更改名称，设备名称的命名规则与拓扑图图示名称相符。

4. 为了管理方便，便于识别设备，为所有交换设备更改名称，设备名称的命名规则与拓扑图图示名称相符。

5. 对交换机的接口划入到对应的 VLAN。

6. ISP1、ISP2、ISP3 之间内部运行进程号为 2515 的 OSPF 协议，所有接口都处于 area 0。

7. 使用各自的 loopback0 作为各自的 OSPF 的 router-id。

8. ISP1、ISP2、ISP3 所有和其他 AS 相连的接口不准在 OSPF 里宣告。

9. ISP1、ISP2、ISP3 之间使用 BGP 自制系统号 100。

10. PC2 去往 B-server 的路径为 GW10-ISP1-ISP3-ISP4-ISP7-GW9。

11. PC2 去往 A-server 的路径为 GW10-ISP1-ISP2-ISP5-ISP6-GW8.

五、运营商 2 配置需求

1. 按照网络拓扑图制作以太网网线，并连接设备。要求符合 T568A 和 T568B 的标准，其线缆长度适中。

2. 依据图表信息所示，对网络中的所有设备接口配置 IP 地址。

3. 为了管理方便，便于识别设备，为所有路由设备更改名称，设备名称的命名规则与拓扑图图示名称相符。

4. 为了管理方便，便于识别设备，为所有交换设备更改名称，设备名称的命名规则与拓扑图图示名称相符。

5. 对交换机的接口划入到对应的 VLAN。

6. ISP4、ISP5、ISP6、ISP7 之间运行进程号为 3518 的 OSPF 协议，所有接口都处于 area 0。

7. 使用各自的 loopback0 作为各自的 OSPF 的 router-id。

8. ISP4、ISP5、ISP6、ISP7 所有和其他 AS 相连的接口不准在 OSPF 里宣告。

9. ISP4、ISP5、ISP6、ISP7 使用 BGP 自制系统号 200。

10. PC2 去往 B-server 的路径为 GW10-ISP1-ISP3-ISP4-ISP7-GW9。

11. PC2 去往 A-sever 的路径为 GW10-ISP1-ISP2-ISP5-ISP6-GW8。

项目实施

一、运营商 1 接入用户配置

#配置 GW10 接口 IP 地址

```
GW10(config-if)#interface fastEthernet0/0
GW10(config)#ip address192.168.10.254 255.255.255.0
GW10(config-if)#no shutdown
GW10(config-if)#interface fastEthernet1/0
GW10(config-if)#ip address 103.1.1.9 255.255.255.0
GW10(config-if)#no shutdown
```

#配置 PC2 的 IP 地址和网关

```
PC2(config-if)#interface fastEthernet0/0
```

```
PC2(config-if)#ip address 192.168.10.254 255.255.255.0
PC2(config-if)#no shutdown
PC2(config-if)#ip route 0.0.0.0 0.0.0.0 192.168.10.254
```

#配置 NAT。使用端口 NAT 实现内部终端连接互联网

```
GW10(config)#ip route 0.0.0.0 0.0.0.0 101.1.1.1
GW10(config)#ip nat inside source 192.168.10.1 103.1.1.2
GW10(config)#interface fastEthernet0/0
GW10(config-if)#ip nat outside
GW10(config)#interface fastEthernet1/0
GW10(config-if)#ip nat inside
```

二、A 公司配置

#配置 Gw8 接口 IP 地址

```
GW8(config)#interface fastEthernet1/0
GW8(config-if)#no shutdown
GW8(config-if)#interface fastEthernet0/0
GW8(config)#ip address 102.1.1.8 255.255.255.0
GW8(config-if)#no shutdown
GW8(config-if)#interface fastEthernet1/0.10
GW8(config-if)#encapsulation dot1Q 10
GW8(config-if)#ip addressre 192.168.10.254 255.255.255.0
GW8(config-if)#interface fastEthernet1/0.20
GW8(config-if)#encapsulation dot1Q 10
GW8(config-if)#ip address 192.168.20.254 255.255.255.0
```

#配置 Sw1

```
GW10 #vlan database
GW10(vlan)#vlan 10
GW10(vlan)#vlan 20
GW10(vlan)#exit
GW10 #configure terminal
GW10(config)#interface fastEthernet0/1
GW10(config-if)#switchport mode access
GW10(config-if)#switchport access vlan 10
GW10(config-if)#interface fastEthernet0/2
GW10(config-if)#switchport mode access
GW10(config-if)#switchport access vlan 20
GW10(config-if)#interface fastEthernet0/0
```

```
GW10(config-if)#switchport trunk encapsulation dot1q
GW10(config-if)#switchport mode trunk
```

#配置 PC1 的 IP 地址和网关

```
PC1(config-if)#interfaceerfa fastEthernet0/0
PC1(config-if)#ip address 192.168.10.254 255.255.255.0
PC1(config-if)#no shutdown
PC1(config-if)#ip route 0.0.0.0 0.0.0.0 192.168.10.254
```

#配置 A-server 的 IP 地址和网关

```
A-server(config-if)#interface fastEthernet0/0
A-server (config-if)#ip address 192.168.20.254 255.255.255.0
A-server (config-if)#no shutdown
A-server (config-if)#ip route 0.0.0.0 0.0.0.0 192.168.20.254
```

#配置 NAT。使用端口 NAT 实现内部终端连接互联网

```
GW8(config)#ip route 0.0.0.0 0.0.0.0 102.1.1.6
GW8(config)#access-list 1 deny 192.168.20.0 0.0.0.255
GW8(config)#access-list 1 permit any
GW8(config)#ip nat inside source list 1 interface fastEthernet0/0 overload
GW8(config)#ip nat inside source static 192.168.20.1 102.1.1.2
GW8(config)#interface fastEthernet0/0
GW8(config-if)#ip nat outside
GW8(config)#interface fastEthernet1/0.10
GW8(config-if)#ip nat inside
GW8(config)#interface fastEthernet1/0.20
GW8(config-if)#ip nat inside
```

三、B 公司配置

#配置 Gw9 接口 IP 地址

```
GW9(config)#interface fastEthernet0/0
GW9(config-if)#ip address 103.1.1.9 255.255.255.0
GW9(config-if)#no shutdown
GW9(config-if)#interface fastEthernet1/0
GW9(config-if)#ip address 192.168.10.254 255.255.255.0
GW9(config-if)#no shutdown
```

#配置 B-server 的 IP 地址和网关

```
B-server(config-if)#interface fastEthernet0/0
```

B-server (config-if)#ip address 192.168.10.254 255.255.255.0
B-server (config-if)#no shutdown
B-server (config-if)#ip route 0.0.0.0 0.0.0.0 192.168.10.254

#配置 NAT 使用静态 NAT 将服务器映射到公网
GW9(config)#ip route 0.0.0.0 0.0.0.0 103.1.1.7
GW9(config)#ip nat inside source static 192.168.10.1 103.1.1.2
GW9(config)#interface fastEthernet0/0
GW9(config-if)#ip nat outside
GW9(config)#interface fastEthernet1/0
GW9(config-if)#ip nat inside

四、运营商 1 配置

#配置 ISP1 接口 IP 地址
ISP1(config)#interface loopback0
ISP1(config-if)#ip address 1.1.1.1 255.255.255.255
ISP1(config-if)#interface fastEthernet0/0
ISP1(config)#ip address 101.1.1.1 255.255.255.0
ISP1(config-if)#no shutdown
ISP1(config-if)#interface fastEthernet1/0
ISP1(config-if)#ip address 12.1.1.1 255.255.255.0
ISP1(config-if)#no shutdown
ISP1(config)#interface fastEthernet2/0
ISP1(config-if)#ip address 13.1.1.1 255.255.255.0
ISP1(config-if)#no shutdown

#配置 ISP2 接口 IP 地址
ISP2(config)#interface loopback0
ISP2(config-if)#ip address 2.2.2.2 255.255.255.0
ISP2(config-if)#interface fastEthernet0/0
ISP2(config)#ip address 12.1.1.2 255.255.255.0
ISP2(config-if)#no shutdown
ISP2(config-if)#interface fastEthernet1/0
ISP2(config-if)#ip address 104.1.1.2 255.255.255.0
ISP2(config-if)#no shutdown

#配置 ISP3 接口 IP 地址
ISP3(config)#interface loopback0
ISP3(config-if)#ip address 3.3.3.3 255.255.255.255

```
ISP3(config-if)#interface fastEthernet0/0
ISP3(config)#ip address 13.1.1.3 255.255.255.0
ISP3(config-if)#no shutdown
ISP3(config-if)#interface fastEthernet1/0
ISP3(config-if)#ip address 105.1.1.3 255.255.255.0
ISP3(config-if)#no shutdown
```

#配置 OSPF 协议

```
ISP1(config)#router ospf 2515
ISP1(config-router)#router-id 1.1.1.1
ISP1(config-router)#network 12.1.1.1 0.0.0.0 area 0
ISP1(config-router)#network 13.1.1.1 0.0.0.0 area 0
ISP1(config-router)#network 1.1.1.1 0.0.0.0 area 0

ISP2(config)#router ospf 2515
ISP2(config-router)#router-id 2.2.2.2
ISP2(config-router)#network 12.1.1.2 0.0.0.0 area 0
ISP2(config-router)#network 2.2.2.2 0.0.0.0 area 0

ISP3(config)#router ospf 2515
ISP3(config-router)#router-id 3.3.3.3
ISP3(config-router)#network 13.1.1.3 0.0.0.0 area 0
ISP3(config-router)#network 3.3.3.3 0.0.0.0 area 0
```

#验证 OSPF 协议邻居关系

查看 ISP1 的邻居表,如下,表明 AS100 的 OSPF 系统邻居关系正常。

```
ISP1#show ip ospf neighbor
Neighbor ID    Pri   State      Dead Time   Address     Interface
3.3.3.3        1     FULL/BDR   00:00:36    13.1.1.3    FastEthernet2/0
2.2.2.2        1     FULL/BDR   00:00:36    12.1.1.2    FastEthernet1/0
```

#验证 OSPF 协议路由条目

查看 ISP1 的路由表,如下,表明 OSPF 系统路由条目齐全。

```
ISP1#show ip route
        1.0.0.0/32 is subnetted, 1 subnets
C       1.1.1.1 is directly connected, Loopback0
        2.0.0.0/32 is subnetted, 1 subnets
O       2.2.2.2 [110/2] via 12.1.1.2, 00:07:53, FastEthernet1/0
        3.0.0.0/32 is subnetted, 1 subnets
O       3.3.3.3 [110/2] via 13.1.1.3, 00:07:53, FastEthernet2/0
```

```
        101.0.0.0/24 is subnetted, 1 subnets
C       101.1.1.0 is directly connected, FastEthernet0/0
        12.0.0.0/24 is subnetted, 1 subnets
C       12.1.1.0 is directly connected, FastEthernet1/0
        13.0.0.0/24 is subnetted, 1 subnets
C       13.1.1.0 is directly connected, FastEthernet2/0
```

#配置 AS100 的 BGP 协议

```
ISP1(config)#router bgp 100
ISP1(config-router)#bgp router-id 1.1.1.1
ISP1(config-router)#no auto-summary
ISP1(config-router)#no synchronization
ISP1(config-router)#neighbor 2.2.2.2 remote-as 100
ISP1(config-router)#neighbor 2.2.2.2 update-source loopback0
ISP1(config-router)#neighbor 2.2.2.2 next-hop-self
ISP1(config-router)#neighbor 3.3.3.3 remote-as 100
ISP1(config-router)#neighbor 3.3.3.3 update-source loopback0
ISP1(config-router)#neighbor 3.3.3.3 next-hop-self
ISP1(config-router)#network 101.1.1.0 mask 255.255.255.0
```

注:此处将客户公网路由网段宣告进 BGP

```
ISP2(config)#router bgp 100
ISP2(config-router)#bgp router-id 2.2.2.2
ISP2(config-router)#no auto-summary
ISP2(config-router)#no synchronization
ISP2(config-router)#neighbor 1.1.1.1 remote-as 100
ISP2(config-router)#neighbor 1.1.1.1 update-source loopback0
ISP2(config-router)#neighbor 1.1.1.1 next-hop-self
ISP2(config-router)#neighbor 3.3.3.3 remote-as 100
ISP2(config-router)#neighbor 3.3.3.3 update-source loopback0
ISP2(config-router)#neighbor 3.3.3.3 next-hop-self
ISP2(config-router)#neighbor 104.1.1.5 remote-as 200

ISP3(config)#router bgp 100
ISP3(config-router)#bgp router-id 3.3.3.3
ISP3(config-router)#no auto-summary
ISP3(config-router)#no synchronization
ISP3(config-router)#neighbor 1.1.1.1 remote-as 100
ISP3(config-router)#neighbor 1.1.1.1 update-source loopback0
ISP3(config-router)#neighbor 1.1.1.1 next-hop-self
```

```
ISP3(config-router)#neighbor 2.2.2.2 remote-as 100
ISP3(config-router)#neighbor 2.2.2.2 update-source loopback0
ISP3(config-router)#neighbor 2.2.2.2 next-hop-self
ISP3(config-router)#neighbor 105.1.1.4 remote-as 200
```

#验证 ISP1、ISP2 的 BGP 邻居

```
ISP1#show ip bgp all summary
NeighboR   V  AS   MsgRcvd  MsgSent  TblVer  InQ OutQ  Up/Down    State/PfxRcd
2.2.2.2    4  100    6        7        2        0      0 00:03:35   0
3.3.3.3    4  100    5        6        2        0      0 00:01:40   0
ISP2#show ip bgp all summary
NeighboR   V  AS   MsgRcvd  MsgSent  TblVer  InQ OutQ  Up/Down    State/PfxRcd
1.1.1.1    4  100    9        8        2        0      0 00:05:01   1
3.3.3.3    4  100    6        6        2        0      0 00:02:52   0
```

五、运营商 2 配置需求

#配置 ISP4 接口 IP 地址

```
ISP4(config)#interface loopback0
ISP4(config-if)#ip address 4.4.4.4 255.255.255.255
ISP4(config-if)#interface fastEthernet0/0
ISP4(config)#ip addressre 105.1.1.4 255.255.255.0
ISP4(config-if)#no shutdown
ISP4(config-if)#interface fastEthernet1/0
ISP4(config-if)#ip address 47.1.1.4 255.255.255.0
ISP4(config-if)#no shutdown
ISP4(config-if)#interface fastEthernet2/0
ISP4(config-if)#ip address 45.1.1.4 255.255.255.0
ISP4(config-if)#no shutdown
```

#配置 ISP5 接口 IP 地址

```
ISP5(config)#interface loopback0
ISP5(config-if)#ip address 5.5.5.5 255.255.255.255
ISP5(config-if)#interface fastEthernet0/0
ISP5(config)#ip address 104.1.1.5 255.255.255.0
ISP5(config-if)#no shutdown
ISP5(config-if)#interface fastEthernet1/0
ISP5(config-if)#ip address 56.1.1.5 255.255.255.0
ISP5(config-if)#no shutdown
ISP5(config-if)#interface fastEthernet2/0
```

```
ISP5(config-if)#ip address 45.1.1.5 255.255.255.0
ISP5(config-if)#no shutdown
```

#配置 ISP6 接口 IP 地址

```
ISP6(config)#interface  loopback0
ISP6(config-if)#ip address 6.6.6.6 255.255.255.255
ISP6(config-if)#interface fastEthernet0/0
ISP6(config-if)#ip address 56.1.1.6 255.255.255.0
ISP6(config-if)#no shutdown
ISP6(config-if)#interface fastEthernet1/0
ISP6(config)#ip address 102.1.1.6 255.255.255.0
ISP6(config-if)#no shutdown
ISP6(config-if)#interface fastEthernet2/0
ISP6(config-if)#ip address 67.1.1.6 255.255.255.0
ISP6(config-if)#no shutdown
```

#配置 ISP7 接口 IP 地址

```
ISP7(config)#interface loopback0
ISP7(config-if)#ip address 7.7.7.7 255.255.255.255
ISP7(config-if)#interface fastEthernet0/0
ISP7(config)#ip address 47.1.1.7 255.255.255.0
ISP7(config-if)#no shutdown
ISP7(config-if)#interface fastEthernet1/0
ISP7(config-if)#ip address 103.1.1.7 255.255.255.0
ISP7(config-if)#no shutdown
ISP7(config-if)#interface fastEthernet2/0
ISP7(config-if)#ip address 67.1.1.7 255.255.255.0
ISP7(config-if)#no shutdown
```

#配置运营商 2OSPF 协议

```
ISP4(config)#router ospf 3518
ISP4(config-router)#router-id 4.4.4.4
ISP4(config-router)#network 45.1.1.4 0.0.0.0 area 0
ISP4(config-router)#network 47.1.1.4 0.0.0.0 area 0
ISP4(config-router)#network 4.4.4.4 0.0.0.0 area 0

ISP5(config)#router ospf 3518
ISP5(config-router)#router-id 5.5.5.5
ISP5(config-router)#network 45.1.1.5 0.0.0.0 area 0
```

```
ISP5(config-router)#network 56.1.1.5 0.0.0.0 area 0
ISP5(config-router)#network 5.5.5.5 0.0.0.0 area 0

ISP6(config)#router ospf 3518
ISP6(config-router)#router-id 6.6.6.6
ISP6(config-router)#network 56.1.1.6 0.0.0.0 area 0
ISP6(config-router)#network 67.1.1.6 0.0.0.0 area 0
ISP6(config-router)#network 6.6.6.6 0.0.0.0 area 0

ISP7(config)#router ospf 3518
ISP7(config-router)#router-id 7.7.7.7
ISP7(config-router)#network 67.1.1.7 0.0.0.0 area 0
ISP7(config-router)#network 47.1.1.7 0.0.0.0 area 0
ISP7(config-router)#network 7.7.7.7 0.0.0.0 area 0
```

查看ISP5、ISP7的邻居表,如下,表明As200的OSPF系统邻居关系正常。

```
ISP5#show ip ospf neighbor
Neighbor ID     Pri   State        Dead Time    Address       Interface
4.4.4.4         1     FULL/BDR     00:00:35     45.1.1.4      FastEthernet2/0
6.6.6.6         1     FULL/BDR     00:00:33     56.1.1.6      FastEthernet1/0
ISP7#show ip ospf neighbor
Neighbor ID     Pri   State        Dead Time    Address       Interface
4.4.4.4         1     FULL/DR      00:00:30     47.1.1.4      FastEthernet0/0
6.6.6.6         1     FULL/DR      00:00:32     67.1.1.6      FastEthernet2/0
```

#验证OSPF协议路由条目

查看ISP5的路由表,如下,表明OSPF系统路由条目齐全。

```
ISP5#show ip route
Codes: C—connected, S—static, R—RIP, M—mobile, B—BGP
        4.0.0.0/32 is subnetted, 1 subnets
O       4.4.4.4 [110/2] via 45.1.1.4, 00:02:53, FastEthernet2/0
        5.0.0.0/32 is subnetted, 1 subnets
C       5.5.5.5 is directly connected, Loopback0
        6.0.0.0/32 is subnetted, 1 subnets
O       6.6.6.6 [110/2] via 56.1.1.6, 00:02:53, FastEthernet1/0
        67.0.0.0/24 is subnetted, 1 subnets
O       67.1.1.0 [110/2] via 56.1.1.6, 00:02:53, FastEthernet1/0
        7.0.0.0/32 is subnetted, 1 subnets
O       7.7.7.7 [110/3] via 56.1.1.6, 00:02:53, FastEthernet1/0
                [110/3] via 45.1.1.4, 00:02:54, FastEthernet2/0
```

```
     56.0.0.0/24 is subnetted, 1 subnets
C       56.1.1.0 is directly connected, FastEthernet1/0
     47.0.0.0/24 is subnetted, 1 subnets
O       47.1.1.0 [110/2] via 45.1.1.4, 00:02:54, FastEthernet2/0
     104.0.0.0/24 is subnetted, 1 subnets
C       104.1.1.0 is directly connected, FastEthernet0/0
     45.0.0.0/24 is subnetted, 1 subnets
C       45.1.1.0 is directly connected, FastEthernet2/0
```

#配置 AS200 的 BGP 协议

```
ISP4(config)#router bgp 200
ISP4(config-router)#bgp router-id 4.4.4.4
ISP4(config-router)#no auto-summary
ISP4(config-router)#no synchronization
ISP4(config-router)#neighbor 105.1.1.3 remote-as 100
ISP4(config-router)#neighbor 5.5.5.5 remote-as 200
ISP4(config-router)#neighbor 5.5.5.5 update-source loopback0
ISP4(config-router)#neighbor 5.5.5.5 next-hop-self
ISP4(config-router)#neighbor 6.6.6.6 remote-as 200
ISP4(config-router)#neighbor 6.6.6.6 update-source loopback0
ISP4(config-router)#neighbor 6.6.6.6 next-hop-self
ISP4(config-router)#neighbor 7.7.7.7 remote-as 200
ISP4(config-router)#neighbor 7.7.7.7 update-source loopback0
ISP4(config-router)#neighbor 7.7.7.7 next-hop-self

ISP5(config)#router bgp 200
ISP5(config-router)#bgp router-id 5.5.5.5
ISP5(config-router)#no auto-summary
ISP5(config-router)#no synchronization
ISP5(config-router)#neighbor 104.1.1.2 remote-as 100
ISP5(config-router)#neighbor 4.4.4.4 remote-as 200
ISP5(config-router)#neighbor 4.4.4.4 update-source loopback0
ISP5(config-router)#neighbor 4.4.4.4 next-hop-self
ISP5(config-router)#neighbor 6.6.6.6 remote-as 200
ISP5(config-router)#neighbor 6.6.6.6 update-source loopback0
ISP5(config-router)#neighbor 6.6.6.6 next-hop-self
ISP5(config-router)#neighbor 7.7.7.7 remote-as 200
ISP5(config-router)#neighbor 7.7.7.7 update-source loopback0
ISP5(config-router)#neighbor 7.7.7.7 next-hop-self
```

```
ISP6(config)#router bgp 200
ISP6(config-router)#bgp router-id 6.6.6.6
ISP6(config-router)#neighbor 4.4.4.4 remote-as 200
ISP6(config-router)#neighbor 4.4.4.4 update-source loopback0
ISP6(config-router)#neighbor 4.4.4.4 next-hop-self
ISP6(config-router)#neighbor 5.5.5.5 remote-as 200
ISP6(config-router)#neighbor 5.5.5.5 update-source loopback0
ISP6(config-router)#neighbor 5.5.5.5 next-hop-self
ISP6(config-router)#neighbor 7.7.7.7 remote-as 200
ISP6(config-router)#neighbor 7.7.7.7 update-source loopback0
ISP6(config-router)#neighbor 7.7.7.7 next-hop-self
ISP6(config-router)#network 102.1.1.0 mask 255.255.255.0
```

注:此处将客户公网路由网段宣告进 BGP

```
ISP7(config)#router bgp 200
ISP7(config-router)#bgp router-id 7.7.7.7
ISP7(config-router)#neighbor 4.4.4.4 remote-as 200
ISP7(config-router)#neighbor 4.4.4.4 update-source loopback0
ISP7(config-router)#neighbor 4.4.4.4 next-hop-self
ISP7(config-router)#neighbor 5.5.5.5 remote-as 200
ISP7(config-router)#neighbor 5.5.5.5 update-source loopback0
ISP7(config-router)#neighbor 5.5.5.5 next-hop-self
ISP7(config-router)#neighbor 6.6.6.6 remote-as 200
ISP7(config-router)#neighbor 6.6.6.6 update-source loopback0
ISP7(config-router)#neighbor 6.6.6.6 next-hop-self
ISP7(config-router)#network 103.1.1.0 mask 255.255.255.0
```

注:此处将客户公网路由网段宣告进 BGP

#查看 ISP1、ISP6、ISP7 的 BGP 路由表,如下,表明公司公网路由已经在公网上传递

```
ISP1#show ip bgp
Network           Next Hop    Metric    LocPrf    Weight Path
*>101.1.1.0/24    0.0.0.0     0         32768     i
*i102.1.1.0/24    3.3.3.3     0         100       0 200 i
*>i               2.2.2.2     0         100       0 200 i
*>i103.1.1.0/24   2.2.2.2     0         100       0 200 i
*i                3.3.3.3     0         100       0 200 i
```

```
ISP6#show ip bgp
Network            Next Hop      Metric      LocPrf      Weight Path
*>i101.1.1.0/24    5.5.5.5       0           100         0 100 i
*i                 4.4.4.4       0           100         0 100 i
*>102.1.1.0/24     0.0.0.0       0           32768       i
*>i103.1.1.0/24    7.7.7.7       0           100         0   i
ISP7#sh ip bgp
Network            Next Hop      Metric      LocPrf      Weight Path
*i101.1.1.0/24     5.5.5.5       0           100         0 100 i
*>i                4.4.4.4       0           100         0 100 i
*>i102.1.1.0/24    6.6.6.6       0           100         0   i
*>103.1.1.0/24     0.0.0.0       0           32768       i
```

六、数据层面验证

#验证 NAT

使用 PC2 连接 A-server

```
PC2#ping 102.1.1.2
Type escape sequence to abort.
Sending 5, 100-byte ICMP Echos to 102.1.1.2, timeout is 2 seconds:
!!!!!
Success rate is 100 percent (5/5), round-trip min/avg/max = 92/129/188 ms
```

使用 PC2 连接 B-server

```
PC2#ping 103.1.1.2
Type escape sequence to abort.
Sending 5, 100-byte ICMP Echos to 103.1.1.2, timeout is 2 seconds:
!!!!!
Success rate is 100 percent (5/5), round-trip min/avg/max = 116/137/160 ms
```

使用 PC1 连接 B-server

```
PC1#ping 103.1.1.2
Type escape sequence to abort.
Sending 5, 100-byte ICMP Echos to 103.1.1.2, timeout is 2 seconds:
!!!!!
Success rate is 100 percent (5/5), round-trip min/avg/max = 52/88/144 ms
```

#GW8 上查看 NAT 转换表,如下,显示 NAT 正常转换

```
GW8#show ip nat translations
Pro Inside global       Inside local        Outside local        Outside global
udp 102.1.1.8:33449     102.1.1.2:33449     101.1.1.10:49199     101.1.1.10:49199
udp 102.1.1.8:33450     102.1.1.2:33450     101.1.1.10:49200     101.1.1.10:49200
```

```
udp 102.1.1.8:33451    102.1.1.2:33451    101.1.1.10:49182  101.1.1.10:49182
icmp 102.1.1.8:1       192.168.10.1:1     103.1.1.2:1       103.1.1.2:1
icmp 102.1.1.8:2       192.168.10.1:2     103.1.1.2:2       103.1.1.2:2
---102.1.1.2           192.168.20.1       ---               ---
```

#GW9 上查看 NAT 转换表，如下，显示 NAT 正常转换

```
GW9#show ip nat translations
Pro Inside global      Inside local       Outside local     Outside global
icmp 103.1.1.2:3       192.168.10.1:3     102.1.1.8:3       102.1.1.8:3
```

#GW10 上查看 NAT 转换表，如下，显示 NAT 正常转换

```
GW10#show ip nat translations
Pro Inside global      Inside local       Outside local     Outside global
icmp 101.1.1.10:7      192.168.10.1:7     102.1.1.2:7       102.1.1.2:7
```

控制层面调整及其验证。

#在未做调整之前查看 PC2 去往 A-server 的路径以及 ISP1 的 BGP 路由表。

```
PC2#trace route 102.1.1.2
Type escape sequence to abort.
Tracing the route to 102.1.1.2
  1   192.168.10.254 40 msec 20 msec 20 msec
  2   101.1.1.1 36 msec 36 msec 44 msec
  3   12.1.1.2 68 msec 44 msec 72 msec
  4   104.1.1.5 76 msec 96 msec 56 msec
  5   56.1.1.6 96 msec 80 msec 88 msec
  6   102.1.1.2 152 msec *   124 msec
ISP1#show ip bgp
Network            Next Hop      Metric     LocPrf      Weight Path
*>101.1.1.0/24     0.0.0.0       0          32768       i
*i102.1.1.0/24     3.3.3.3       0          100         0 200 i
*>i                2.2.2.2       0          100         0 200 i
*>i103.1.1.0/24    2.2.2.2       0          100         0 200 i
*i                 3.3.3.3       0          100         0 200 i
```

注：满足需求中路径的要求

在未做调整之前查看 PC2 去往 TencnetQQ 的路径以及 ISP1 的 BGP 路由表。

```
PC2#trace route 103.1.1.2
Type escape sequence to abort.
Tracing the route to 103.1.1.2
```

```
1  192.168.10.254 32 msec 16 msec 24 msec
2  101.1.1.1 32 msec 40 msec 36 msec
3  12.1.1.2 68 msec 68 msec 72 msec（经过 ISP2）
4  104.1.1.5 56 msec 68 msec 72 msec
5  56.1.1.6 108 msec 84 msec 88 msec
6  67.1.1.7 100 msec 124 msec 80 msec
7  103.1.1.9 128 msec *   128 msec
```

#查看 ISP1 的 BGP 路由表

```
ISP1#show ip bgp
Network           Next Hop      Metric      LocPrf      Weight Path
*>101.1.1.0/24    0.0.0.0       0           32768       i
*i102.1.1.0/24    3.3.3.3       0           100         0 200 i
*>i               2.2.2.2       0           100         0 200 i
*>i103.1.1.0/24   2.2.2.2       0           100         0 200 i
*i                3.3.3.3       0           100         0 200 i
```

注：与要求 PC2 去往 B-server 的路径为 GW10-ISP1-ISP3-ISP4-ISP7-GW9 不符，所以我们要在 ISP1 调整关于 103.1.1.0/24 的选路。

#ISP 选路配置

```
ISP1(config)#access-list 1 permit 103.1.1.0 0.0.0.255
ISP1(config)#route-map weight permit 10
ISP1(config-route-map)#match ip address 1
ISP1(config-route-map)#set weight 1
ISP1(config-route-map)#route-map weight permit 20
ISP1(config-route-map)#exit
ISP1(config)#router bgp 100
ISP1(config-router)#nei 3.3.3.3 route-map weight in
```

#查看 ISP1 的 BGP 路由表

```
ISP1#show ip bgp
Network           Next Hop      Metric      LocPrf      Weight Path
*>101.1.1.0/24    0.0.0.0       0           32768       i
*i102.1.1.0/24    3.3.3.3       0           100         0 200 i
*>i               2.2.2.2       0           100         0 200 i
*>i103.1.1.0/24   2.2.2.2       0           100         0 200 i
*i                3.3.3.3       0           100         1 200 i
```

查看 PC2 去往 TencnetQQ 的路径。

```
PC2#trace route 103.1.1.2
```

1 192.168.10.254 32 msec 40 msec 20 msec

2 101.1.1.1 36 msec 40 msec 20 msec

3 13.1.1.3 72 msec 44 msec 76 msec(经过 ISP3)

4 105.1.1.4 48 msec 68 msec 68 msec

5 47.1.1.7 108 msec 72 msec 116 msec

6 103.1.1.9 108 msec * 156 msec

注:调整有效,已满足题目中路径的要求。

【微信扫码】
学习辅助资源

项 目 四

项目背景

某地区网络电视台，随着网络的迅速普及和爆炸式的发展，收视率不断增加的同时也带来了带宽的急剧消耗和网络拥挤等问题。为了缓解这种网络拥挤所造成的发展瓶颈，我们对该电视台的网络通过组播技术进行了重新架构。目前该地区网络电视台中共有四大节目类型，分别为：广告节目区、养生节目区、新闻节目区、体育节目区。我们需要对这些节目区中的所有接受者提供高质量高效率的数据发送方式。通过使用 IP 组播技术解决大量带宽资源的浪费问题，组播源仅发送一次信息，组播路由协议将为组播数据包建立树型结构路由表，在发送数据包信息的时候尽可能地在多条路径分叉时开始复制和分发方式，这样数据包将准确高效的传送到每个需要它的观看者。以下图 4.1 为该电视台的网络拓扑图，那么我们下面需要对该拓扑进行具体的实施与测试。

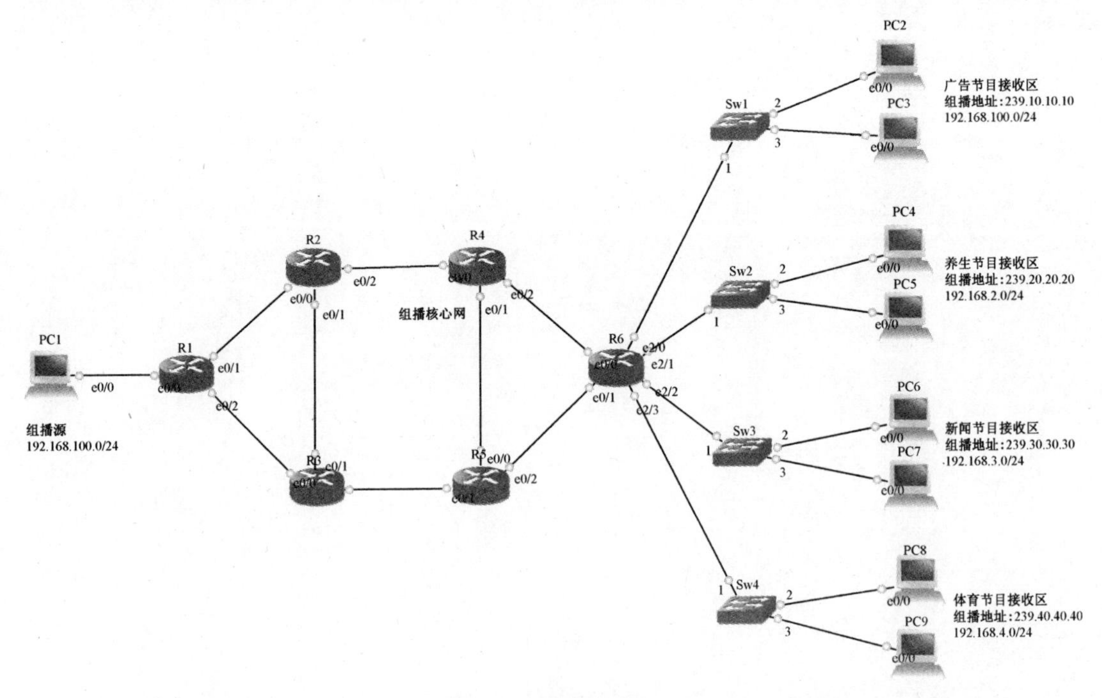

图 4.1 网络拓扑图

表 4.1 设备接口连接表

设备	端口	设备	端口	设备	端口	设备	端口
R1	E0/0	PC1	E0/0	R6	E2/0	Sw1	E0/1
R1	E0/1	R2	E0/0	R6	E2/1	Sw2	E0/1
R1	E0/2	R3	E0/0	R6	E2/2	Sw3	E0/1
R2	E0/0	R1	E0/1	R6	E2/3	Sw4	E0/1
R2	E0/1	R3	E0/1	Sw1	E0/1	R6	E2/0
R2	E0/2	R4	E0/0	Sw1	E0/2	PC2	E0/0
R3	E0/0	R1	E0/2	Sw1	E0/3	PC3	E0/0
R3	E0/1	R2	E0/1	Sw2	E0/1	R6	E2/1
R3	E0/2	R5	E0/1	Sw2	E0/2	PC4	E0/0
R4	E0/0	R2	E0/2	Sw2	E0/3	PC5	E0/0
R4	E0/1	R5	E0/0	Sw3	E0/1	R6	E2/2
R4	E0/2	R6	E0/0	Sw3	E0/2	PC6	E0/0
R5	E0/0	R4	E0/1	Sw3	E0/3	PC7	E0/0
R5	E0/1	R3	E0/2	Sw4	E0/1	R6	E2/3
R5	E0/2	R6	E0/1	Sw4	E0/2	PC8	E0/0
R6	E0/0	R4	E0/2	Sw4	E0/3	PC9	E0/0
R6	E0/1	R5	E0/2				

表 4.2 网络设备 IP 地址分配表

设备	接口	IP 地址	设备	接口	IP 地址
R1	E0/0	192.168.100.254/24	R4	E0/2	46.1.1.4/24
	E0/1	12.1.1.1/24		Lo0	4.4.4.4/32
	E0/2	13.1.1.1/24	R5	E0/0	45.1.1.5/24
	Lo0	1.1.1.1/32		E0/1	35.1.1.5/24
R2	E0/0	12.1.1.2/24		E0/2	56.1.1.5/24
	E0/1	23.1.1.2/24		Lo0	5.5.5.5/32
	E0/2	24.1.1.2/24	R6	E0/0	46.1.1.6/24
	Lo0	2.2.2.2/32		E0/1	56.1.1.6/24
R3	E0/0	13.1.1.3/24		E2/0	192.168.1.254/24
	E0/1	23.1.1.3/24		E2/1	192.168.2.254/24
	E0/2	35.1.1.3/24		E2/2	192.168.3.254/24
	Lo0	3.3.3.3/32		E2/3	192.168.4.254/24
R4	E0/0	24.1.1.4/24		Lo0	6.6.6.6/32
	E0/1	45.1.1.4/24			

注：

PC1 所在网段 192.168.100.0/24

PC2/PC3 所在网段 192.168.1.0/24
PC4/PC5 所在网段 192.168.2.0/24
PC6/PC7 所在网段 192.168.3.0/24
PC8/PC9 所在网段 192.168.4.0/24

项目需求

一、物理连接与 IP 地址划分

1. 按照网络拓扑图制作以太网网线,并连接设备。要求符合 T568A 和 T568B 的标准,其线缆长度适中。

2. 依据图表信息所示,对网络中的所有设备接口配置 IP 地址。

二、组播核心网 IGP 配置需求

1. 组播网络必须依赖于单播数据网络才能传输。
2. 该网络电视台均为思科设备环境,将采用 EIGRP 协议。
3. 该网络的自治系统号将使用 100 来定义,设备的虚拟接口也将参与 EIGRP 协议。
4. 在组播核心区域的边缘接口将使用被动接口。
5. 在整个组播核心区域使用 EIGRP 加密,提供网络的安全性。
6. 使用 MD5 加密方式,使用密码为 admin123。

三、IGMP 及组播路由协议配置需求

1. 组播边缘路由器 R6 与分组设备之间运行 IGMPv2 协议。

2. 终端 PC2 与 PC3 加入组 239.10.10.10,终端 PC4 与 PC5 加入组 239.20.20.20;终端 PC6 与 PC7 加入组 239.30.30.30,终端 PC8 与 PC9 加入组 239.40.40.40。

3. 所有组播核心区域中设备必须开启组播功能,全网运行组播路由协议。

4. 组播路由协议将使用 PIM Sparse-mode 模式进行。

5. 采用思科私有协议 Auto-RP 方式进行 RP 的选举和通告。

6. 要求组播区域 R2 的 Loopback0 地址成为 RP 仲裁地址。

7. 要求组播区域 R2 的 Loopback0 地址成为整个组播区域的 RP 地址,所有组播区域设备参与组播 RP 动态监听。

四、实验结果检查

1. 测试组播源访问(广告)组播组 239.10.10.10。
2. 测试组播源访问(养生)组播组 239.20.20.20。
2. 测试组播源访问(新闻)组播组 239.30.30.30。
3. 测试组播源访问(体育)组播组 239.40.40.40。

项目实施

一、物理连接及 IP 地址划分

```
#配置 R1、R2、R3、R4、R5、R6 设备命名
Router(config)#hostname R1

Router(config)#hostname R2

Router(config)#hostname R3

Router(config)#hostname R4

Router(config)#hostname R5

Router(config)#hostname R6

#配置 Sw1、Sw2、Sw3、Sw4 设备命名
Switch(config)#hostname Sw1

Switch(config)#hostname Sw2

Switch(config)#hostname Sw3

Switch(config)#hostname Sw4

R1(config)#interface e0/0
R1(config-if)#no shutdown
R1(config-if)#ip address 192.168.100.254 255.255.255.0
R1(config)#interface e0/1
R1(config-if)#no shutdown
R1(config-if)#ip address 12.1.1.1 255.255.255.0
R1(config)#interface e0/2
R1(config-if)#no shutdown
R1(config-if)#ip address 13.1.1.1 255.255.255.0
R1(config)#interface loopback 0
R1(config-if)#ip address 1.1.1.1 255.255.255.255
```

```
#配置 R2 接口 IP 地址
R2(config)#interface e0/0
R2(config-if)#no shutdown
R2(config-if)#ip address 12.1.1.2 255.255.255.0
R2(config)#interface e0/1
R2(config-if)#no shutdown
R2(config-if)#ip address 23.1.1.2 255.255.255.0
R2(config)#interface e0/2
R2(config-if)#no shutdown
R2(config-if)#ip address 24.1.1.2 255.255.255.0
R2(config)#interface loopback 0
R2(config-if)#ip address 2.2.2.2 255.255.255.255

#配置 R3 接口 IP 地址
R3(config)#interface e0/0
R3(config-if)#no shutdown
R3(config-if)#ip address 13.1.1.3 255.255.255.0
R3(config)#interface e0/1
R3(config-if)#no shutdown
R3(config-if)#ip address 23.1.1.3 255.255.255.0
R3(config)#interface e0/2
R3(config-if)#no shutdown
R3(config-if)#ip address 35.1.1.3 255.255.255.0
R3(config)#interface loopback 0
R3(config-if)#ip address 3.3.3.3 255.255.255.255

#配置 R4 接口 IP 地址
R4(config)#interface e0/0
R4(config-if)#no shutdown
R4(config-if)#ip address 24.1.1.4 255.255.255.0
R4(config)#interface e0/1
R4(config-if)#no shutdown
R4(config-if)#ip address 45.1.1.4 255.255.255.0
R4(config)#interface e0/2
R4(config-if)#no shutdown
R4(config-if)#ip address 46.1.1.4 255.255.255.0
R4(config)#interface loopback 0
R4(config-if)#ip address 4.4.4.4 255.255.255.255
```

#配置 R5 接口 IP 地址
```
R5(config)#interface e0/0
R5(config-if)#no shutdown
R5(config-if)#ip address 45.1.1.5 255.255.255.0
R5(config)#interface e0/1
R5(config-if)#no shutdown
R5(config-if)#ip address 35.1.1.5 255.255.255.0
R5(config)#interface e0/2
R5(config-if)#no shutdown
R5(config-if)#ip address 56.1.1.5 255.255.255.0
R5(config)#interface loopback 0
R5(config-if)#ip address 5.5.5.5 255.255.255.255
```

#配置 R6 接口 IP 地址
```
R6(config)#interface e0/0
R6(config-if)#no shutdown
R6(config-if)#ip address 46.1.1.6 255.255.255.0
R6(config)#interface e0/1
R6(config-if)#no shutdown
R6(config-if)#ip address 56.1.1.6 255.255.255.0
R6(config)#interface e2/0
R6(config-if)#no shutdown
R6(config-if)#ip address 192.168.1.254 255.255.255.0
R6(config)#interface e2/1
R6(config-if)#no shutdown
R6(config-if)#ip address 192.168.2.254 255.255.255.0
R6(config)#interface e2/2
R6(config-if)#no shutdown
R6(config-if)#ip address 192.168.3.254 255.255.255.0
R6(config)#interface e2/3
R6(config-if)#no shutdown
R6(config-if)#ip address 192.168.4.254 255.255.255.0
R6(config)#interface loopback 0
R6(config-if)#ip address 6.6.6.6 255.255.255.255
```

二、组播核心网 IGP 需求配置

#配置 R1 设备 EIGRP 协议及 MD5 加密
```
R1(config)#router eigrp 100
R1(config-router)#no auto-summary
```

```
R1(config-router)#network 12.1.1.0 0.0.0.255
R1(config-router)#network 13.1.1.0 0.0.0.255
R1(config-router)#network 192.168.100.0 0.0.0.255
R1(config-router)#network 1.1.1.1 0.0.0.0

R1(config)#key chain cisco
R1(config-keychain)#key 1
R1(config-keychain-key)#key-string admin123
R1(config)#interface e0/1
R1(config-if)#ip authentication mode eigrp 100 md5
R1(config-if)#ip authentication key-chain eigrp 100 cisco
R1(config)#interface e0/2
R1(config-if)#ip authentication mode eigrp 100 md5
R1(config-if)#ip authentication key-chain eigrp 100 cisco

#配置 R2 设备 EIGRP 协议及 MD5 加密
R2(config)#router eigrp 100
R2(config-router)#no auto-summary
R2(config-router)#network 12.1.1.0 0.0.0.255
R2(config-router)#network 24.1.1.0 0.0.0.255
R2(config-router)#network 23.1.1.0 0.0.0.255
R2(config-router)#network 2.2.2.2 0.0.0.0

R2(config)#key chain cisco
R2(config-keychain)#key 1
R2(config-keychain-key)#key-string admin123
R2(config)#interface e0/0
R2(config-if)#ip authentication mode eigrp 100 md5
R2(config-if)#ip authentication key-chain eigrp 100 cisco
R2(config)#interface e0/1
R2(config-if)#ip authentication mode eigrp 100 md5
R2(config-if)#ip authentication key-chain eigrp 100 cisco
R2(config)#interface e0/2
R2(config-if)#ip authentication mode eigrp 100 md5
R2(config-if)#ip authentication key-chain eigrp 100 cisco

#配置 R3 设备 EIGRP 协议及 MD5 加密
R3(config)#router eigrp 100
R3(config-router)#no auto-summary
```

```
R3(config-router)#network 13.1.1.0 0.0.0.255
R3(config-router)#network 35.1.1.0 0.0.0.255
R3(config-router)#network 23.1.1.0 0.0.0.255
R3(config-router)#network 3.3.3.3 0.0.0.0

R3(config)#key chain cisco
R3(config-keychain)#key 1
R3(config-keychain-key)#key-string admin123
R3(config)#interface e0/0
R3(config-if)#ip authentication mode eigrp 100 md5
R3(config-if)#ip authentication key-chain eigrp 100 cisco
R3(config)#interface e0/1
R3(config-if)#ip authentication mode eigrp 100 md5
R3(config-if)#ip authentication key-chain eigrp 100 cisco
R3(config)#interface e0/2
R3(config-if)#ip authentication mode eigrp 100 md5
R3(config-if)#ip authentication key-chain eigrp 100 cisco
```

#配置 R4 设备 EIGRP 协议及 MD5 加密

```
R4(config)#router eigrp 100
R4(config-router)#no auto-summary
R4(config-router)#network 24.1.1.0 0.0.0.255
R4(config-router)#network 45.1.1.0 0.0.0.255
R4(config-router)#network 46.1.1.0 0.0.0.255
R4(config-router)#network 4.4.4.4 0.0.0.0

R4(config)#key chain cisco
R4(config-keychain)#key 1
R4(config-keychain-key)#key-string admin123
R4(config)#interface e0/0
R4(config-if)#ip authentication mode eigrp 100 md5
R4(config-if)#ip authentication key-chain eigrp 100 cisco
R4(config)#interface e0/1
R4(config-if)#ip authentication mode eigrp 100 md5
R4(config-if)#ip authentication key-chain eigrp 100 cisco
R4(config)#interface e0/2
R4(config-if)#ip authentication mode eigrp 100 md5
R4(config-if)#ip authentication key-chain eigrp 100 cisco
```

#配置 R5 设备 EIGRP 协议及 MD5 加密

```
R5(config)#router eigrp 100
R5(config-router)#no auto-summary
R5(config-router)#network 35.1.1.0 0.0.0.255
R5(config-router)#network 45.1.1.0 0.0.0.255
R5(config-router)#network 56.1.1.0 0.0.0.255
R5(config-router)#network 5.5.5.5 0.0.0.0

R5(config)#key chain cisco
R5(config-keychain)#key 1
R5(config-keychain-key)#key-string admin123
R5(config)#interface e0/0
R5(config-if)#ip authentication mode eigrp 100 md5
R5(config-if)#ip authentication key-chain eigrp 100 cisco
R5(config)#interface e0/1
R5(config-if)#ip authentication mode eigrp 100 md5
R5(config-if)#ip authentication key-chain eigrp 100 cisco
R5(config)#interface e0/2
R5(config-if)#ip authentication mode eigrp 100 md5
R5(config-if)#ip authentication key-chain eigrp 100 cisco
```

#配置 R6 设备 EIGRP 协议及 MD5 加密、被动接口

```
R6(config)#router eigrp 100
R6(config-router)#no auto-summary
R6(config-router)#network 46.1.1.0 0.0.0.255
R6(config-router)#network 56.1.1.0 0.0.0.255
R6(config-router)#network 192.168.1.0 0.0.0.255
R6(config-router)#network 192.168.2.0 0.0.0.255
R6(config-router)#network 192.168.3.0 0.0.0.255
R6(config-router)#network 192.168.4.0 0.0.0.255
R6(config-router)#network 6.6.6.6 0.0.0.0
R6(config-router)#passive-interface e2/0
R6(config-router)#passive-interface e2/1
R6(config-router)#passive-interface e2/2
R6(config-router)#passive-interface e2/3

R6(config)#key chain cisco
R6(config-keychain)#key 1
R6(config-keychain-key)#key-string admin123
```

```
R6(config)#interface e0/0
R6(config-if)#ip authentication mode eigrp 100 md5
R6(config-if)#ip authentication key-chain eigrp 100 cisco
R6(config)#interface e0/1
R6(config-if)#ip authentication mode eigrp 100 md5
R6(config-if)#ip authentication key-chain eigrp 100 cisco
```

#查看组播核心区域 EIGRP 邻居关系，以下表明邻居关系成功建立

```
R2#show ip eigrp neighbors
IP-EIGRP neighbors for process 100
H  Address    Interface   Hold Uptime    SRTT    RTO       Q     Seq
                          (sec)          (ms)    Cnt Num
2  23.1.1.3   Et0/1       11 00:07:22    51      306       0     15
1  12.1.1.1   Et0/0       13 00:07:22    52      312       0     16
0  24.1.1.4   Et0/2       11 00:07:23    436     2616      0     14

R5#show ip eigrp neighbors
IP-EIGRP neighbors for process 100
H  Address    Interface   Hold Uptime    SRTT    RTO       Q     Seq
                          (sec)          (ms)    Cnt Num
2  45.1.1.4   Et0/0       12 00:00:02    24      200       0     18
1  56.1.1.6   Et0/2       12 00:08:39    36      216       0     12
0  35.1.1.3   Et0/1       12 00:08:39    34      204       0     22
```

#查看当前单播路由表，以下表明全网单播路由条目齐全

```
R1#show ip route
Gateway of last resort is not set
        1.0.0.0/32 is subnetted, 1 subnets
C       1.1.1.1 is directly connected, Loopback0
        35.0.0.0/24 is subnetted, 1 subnets
D       35.1.1.0 [90/307200] via 13.1.1.3, 00:17:51, Ethernet0/2
        2.0.0.0/32 is subnetted, 1 subnets
D       2.2.2.2 [90/409600] via 12.1.1.2, 00:17:51, Ethernet0/1
        3.0.0.0/32 is subnetted, 1 subnets
D       3.3.3.3 [90/409600] via 13.1.1.3, 00:17:51, Ethernet0/2
        4.0.0.0/32 is subnetted, 1 subnets
D       4.4.4.4 [90/435200] via 12.1.1.2, 00:17:51, Ethernet0/1
        5.0.0.0/32 is subnetted, 1 subnets
D       5.5.5.5 [90/435200] via 13.1.1.3, 00:17:52, Ethernet0/2
```

```
         23.0.0.0/24 is subnetted, 1 subnets
D        23.1.1.0 [90/307200] via 13.1.1.3, 00:17:53, Ethernet0/2
                  [90/307200] via 12.1.1.2, 00:17:53, Ethernet0/1
D        192.168.4.0/24 [90/358400] via 13.1.1.3, 00:17:53, Ethernet0/2
                        [90/358400] via 12.1.1.2, 00:17:53, Ethernet0/1
         24.0.0.0/24 is subnetted, 1 subnets
D        24.1.1.0 [90/307200] via 12.1.1.2, 00:17:53, Ethernet0/1
         56.0.0.0/24 is subnetted, 1 subnets
D        56.1.1.0 [90/332800] via 13.1.1.3, 00:17:53, Ethernet0/2
         12.0.0.0/24 is subnetted, 1 subnets
C        12.1.1.0 is directly connected, Ethernet0/1
         46.0.0.0/24 is subnetted, 1 subnets
D        46.1.1.0 [90/332800] via 12.1.1.2, 00:17:53, Ethernet0/1
D        192.168.1.0/24 [90/358400] via 13.1.1.3, 00:17:53, Ethernet0/2
                        [90/358400] via 12.1.1.2, 00:17:53, Ethernet0/1
         13.0.0.0/24 is subnetted, 1 subnets
C        13.1.1.0 is directly connected, Ethernet0/2
D        192.168.2.0/24 [90/358400] via 13.1.1.3, 00:17:53, Ethernet0/2
                        [90/358400] via 12.1.1.2, 00:17:54, Ethernet0/1
C        192.168.100.0/24 is directly connected, Ethernet0/0
D        192.168.3.0/24 [90/358400] via 13.1.1.3, 00:17:54, Ethernet0/2
                        [90/358400] via 12.1.1.2, 00:17:54, Ethernet0/1
         45.0.0.0/24 is subnetted, 1 subnets
D        45.1.1.0 [90/332800] via 13.1.1.3, 00:09:19, Ethernet0/2
                  [90/332800] via 12.1.1.2, 00:09:19, Ethernet0/1
```

三、IGMP及组播路由协议需求配置

#配置R6边缘接口开启IGMP协议,协议版本为2

```
R6(config)#interface e2/0
R6(config)#ip igmp version 2
R6(config)#interface e2/1
R6(config)#ip igmp version 2
R6(config)#interface e2/2
R6(config)#ip igmp version 2
R6(config)#interface e2/3
R6(config)#ip igmp version 2
```

#配置PC2与PC3加入组播组239.10.10.10(广告节目)

```
PC2(config)#interface e0/0
```

```
PC2(config-if)#ip igmp join-group 239.10.10.10
PC3(config)#interface e0/0
PC3(config-if)#ip igmp join-group 239.10.10.10
```

#配置 PC4 与 PC5 加入组播组 239.20.20.20(养生节目)

```
PC4(config)#interface e0/0
PC4(config-if)#ip igmp join-group 239.20.20.20
PC5(config)#interface e0/0
PC5(config-if)#ip igmp join-group 239.20.20.20
```

#配置 PC6 与 PC7 加入组播组 239.30.30.30(新闻节目)

```
PC6(config)#interface e0/0
PC6(config-if)#ip igmp join-group 239.30.30.30
PC7(config)#interface e0/0
PC7(config-if)#ip igmp join-group 239.40.40.40
```

#配置 PC8 与 PC9 加入组播组 239.40.40.40(体育节目)

```
PC8(config)#interface e0/0
PC8(config-if)#ip igmp join-group 239.40.40.40
PC9(config)#interface e0/0
PC9(config-if)#ip igmp join-group 239.40.40.40
```

#查看 IGMP 协议详细信息,以下表明协议开启且成功加组

```
R6#show ip igmp interface e2/0
Ethernet2/0 is up, line protocol is up
    Internet address is 192.168.1.254/24
    IGMP is enabled on interface
    Current IGMP host version is 2
    Current IGMP router version is 2
    IGMP query interval is 60 seconds
    IGMP querier timeout is 120 seconds
    IGMP max query response time is 10 seconds
    Last member query count is 2
    Last member query response interval is 1000 ms
    Inbound IGMP access group is not set
    IGMP activity: 1 joins, 0 leaves
    Multicast routing is enabled on interface
    Multicast TTL threshold is 0
    Multicast designated router (DR) is 192.168.1.254 (this system)
```

```
    IGMP querying router is 192.168.1.254 (this system)
    No multicast groups joined by this system

R6#show ip igmp groups
IGMP Connected Group Membership
Group Address      Interface        Uptime       Expires      Last Reporter      Gr
239.20.20.20       Ethernet2/1      00:20:16     00:02:39     192.168.2.1
239.10.10.10       Ethernet2/0      00:21:18     00:02:40     192.168.1.1
239.40.40.40       Ethernet2/3      00:21:17     00:02:43     192.168.4.2
239.30.30.30       Ethernet2/2      00:21:17     00:02:43     192.168.3.1
224.0.1.40         Ethernet0/0      00:21:19     00:02:38     46.1.1.6
```

#配置 R1 组播路由协议 PIM-Sparse 模式

```
R1(config)#ip multicast-routing
R1(config)#interface e0/0
R1(config-if)#ip pim sparse-mode
R1(config)#interface e0/1
R1(config-if)#ip pim sparse-mode
R1(config)#interface e0/2
R1(config-if)#ip pim sparse-mode
```

#配置 R2 组播路由协议 PIM-Sparse 模式

```
R2(config)#ip multicast-routing
R2(config)#interface e0/0
R2(config-if)#ip pim sparse-mode
R2(config)#interface e0/1
R2(config-if)#ip pim sparse-mode
R2(config)#interface e0/2
R2(config-if)#ip pim sparse-mode
R2(config)#interface loopback 0
R2(config-if)#ip pim sparse-mode
```

#配置 R3 组播路由协议 PIM-Sparse 模式

```
R3(config)#ip multicast-routing
R3(config)#interface e0/0
R3(config-if)#ip pim sparse-mode
R3(config)#interface e0/1
R3(config-if)#ip pim sparse-mode
R3(config)#interface e0/2
```

```
R3(config-if)#ip pim sparse-mode
```

#配置 R4 组播路由协议 PIM-Sparse 模式

```
R4(config)#ip multicast-routing
R4(config)#interface e0/0
R4(config-if)#ip pim sparse-mode
R4(config)#interface e0/1
R4(config-if)#ip pim sparse-mode
R4(config)#interface e0/2
R4(config-if)#ip pim sparse-mode
```

#配置 R5 组播路由协议 PIM-Sparse 模式

```
R5(config)#ip multicast-routing
R5(config)#interface e0/0
R5(config-if)#ip pim sparse-mode
R5(config)#interface e0/1
R5(config-if)#ip pim sparse-mode
R5(config)#interface e0/2
R5(config-if)#ip pim sparse-mode
```

#配置 R6 组播路由协议 PIM-Sparse 模式

```
R6(config)#ip multicast-routing
R6(config)#interface e0/0
R6(config-if)#ip pim sparse-mode
R6(config)#interface e0/1
R6(config-if)#ip pim sparse-mode
R6(config)#interface e2/0
R6(config-if)#ip pim sparse-mode
R6(config)#interface e2/1
R6(config-if)#ip pim sparse-mode
R6(config)#interface e2/2
R6(config-if)#ip pim sparse-mode
R6(config)#interface e2/3
R6(config-if)#ip pim sparse-mode
```

#查看组播路由协议邻居关系，以下表明组播邻居成功建立

```
R2#show ip pim neighbor
PIM Neighbor Table
```

```
Neighbor        Interface       Uptime/Expires          Ver     DR
Address                                                         Prio/Mode
12.1.1.1        Ethernet0/0     00:28:20/00:01:28 v2    1 / S
23.1.1.3        Ethernet0/1     00:28:20/00:01:26 v2    1 / DR S
24.1.1.4        Ethernet0/2     00:28:48/00:01:28 v2    1 / DR S
R5#show ip pim neighbor
PIM Neighbor Table
Neighbor        Interface       Uptime/Expires          Ver     DR
Address                                                         Prio/Mode
45.1.1.4        Ethernet0/0     00:29:35/00:01:40 v2    1 / S
35.1.1.3        Ethernet0/1     00:29:58/00:01:20 v2    1 / S
56.1.1.6        Ethernet0/2     00:29:58/00:01:21 v2    1 / DR S
```

#配置动态 RP 选举 Auto-rp 协议

```
R2(config)#ip pim send-rp-announce loopback0 scope 255
R2(config)#ip pim send-rp-discovery loopback0 scope 255
```

#配置组播区域所有设备动态 RP 监听

```
R1(config)#ip pim autorp listener
R2(config)#ip pim autorp listener
R3(config)#ip pim autorp listener
R4(config)#ip pim autorp listener
R5(config)#ip pim autorp listener
R6(config)#ip pim autorp listener
```

#查看 RP 地址获取情况,以下表明,已正确获取 RP 地址

```
R1#show ip pim rp mapping
PIM Group-to-RP Mappings
Group(s) 224.0.0.0/4
  RP 2.2.2.2 (?), v2v1
    Info source: 2.2.2.2 (?), elected via Auto-RP
         Uptime: 00:35:51, expires: 00:02:54

R5#show ip pim rp mapping
PIM Group-to-RP Mappings
Group(s) 224.0.0.0/4
  RP 2.2.2.2 (?), v2v1
    Info source: 2.2.2.2 (?), elected via Auto-RP
         Uptime: 00:30:06, expires: 00:02:39
```

```
R6#show ip pim rp mapping
PIM Group-to-RP Mappings
Group(s) 224.0.0.0/4
  RP 2.2.2.2 (?), v2v1
    Info source: 2.2.2.2 (?), elected via Auto-RP
        Uptime: 00:35:59, expires: 00:02:42
```

四、实验结果检查

#测试组播源访问(广告)组播组 239.10.10.10,以下表明测试成功

```
PC1#ping 239.10.10.10
Type escape sequence to abort.
Sending 1, 100-byte ICMP Echos to 239.10.10.10, timeout is 2 seconds:
Reply to request 0 from 192.168.1.2, 88 ms
Reply to request 0 from 192.168.1.1, 88 ms
```

#测试组播源访问(养生)组播组 239.20.20.20,以下表明测试成功

```
PC1#ping 239.20.20.20
Type escape sequence to abort.
Sending 1, 100-byte ICMP Echos to 239.20.20.20, timeout is 2 seconds:
Reply to request 0 from 192.168.2.1, 128 ms
Reply to request 0 from 192.168.2.1, 128 ms
```

#测试组播源访问(新闻)组播组 239.30.30.30,以下表明测试成功

```
PC1#ping 239.30.30.30
Type escape sequence to abort.
Sending 1, 100-byte ICMP Echos to 239.30.30.30, timeout is 2 seconds:
Reply to request 0 from 192.168.3.2, 156 ms
Reply to request 0 from 192.168.3.1, 156 ms
```

#验证组播源访问(体育)组播组 239.40.40.40,以下表明测试成功

```
PC1#ping 239.40.40.40
Type escape sequence to abort.
Sending 1, 100-byte ICMP Echos to 239.40.40.40, timeout is 2 seconds:
Reply to request 0 from 192.168.4.1, 92 ms
Reply to request 0 from 192.168.4.2, 92 ms
```

【微信扫码】
学习辅助资源

项 目 五

项目背景

某大型互联网集团是一个知名 IT 技术服务类集团，目前集团在中国北京、上海、南京建有分支机构，在美国拥有总部研发中心。当前国内的分部需要向美国总部传输各种营业数据，同时集团内部部署视频会议、OA、ERP、财务系统、邮件系统等各种网络应用系统，网络资源优化与利用的重要性日益凸现。作为企业的命脉，该企业的数据传输要求能够达到实时且高速的进行，同时又需要有很高的稳定性通信保障。目前要实现国内分支机构与美国总部建立 IP VPN 私网通信连接，需要有专业全面的互联网提供商 ISP 给予核心网络通信的支持。最终通过采用 MPLS_VPN 技术在拥有可扩展性、安全性、稳定性、灵活的迁移性等方向下帮助该企业解决国内分部之间通信及分部与总部跨国通信的问题。

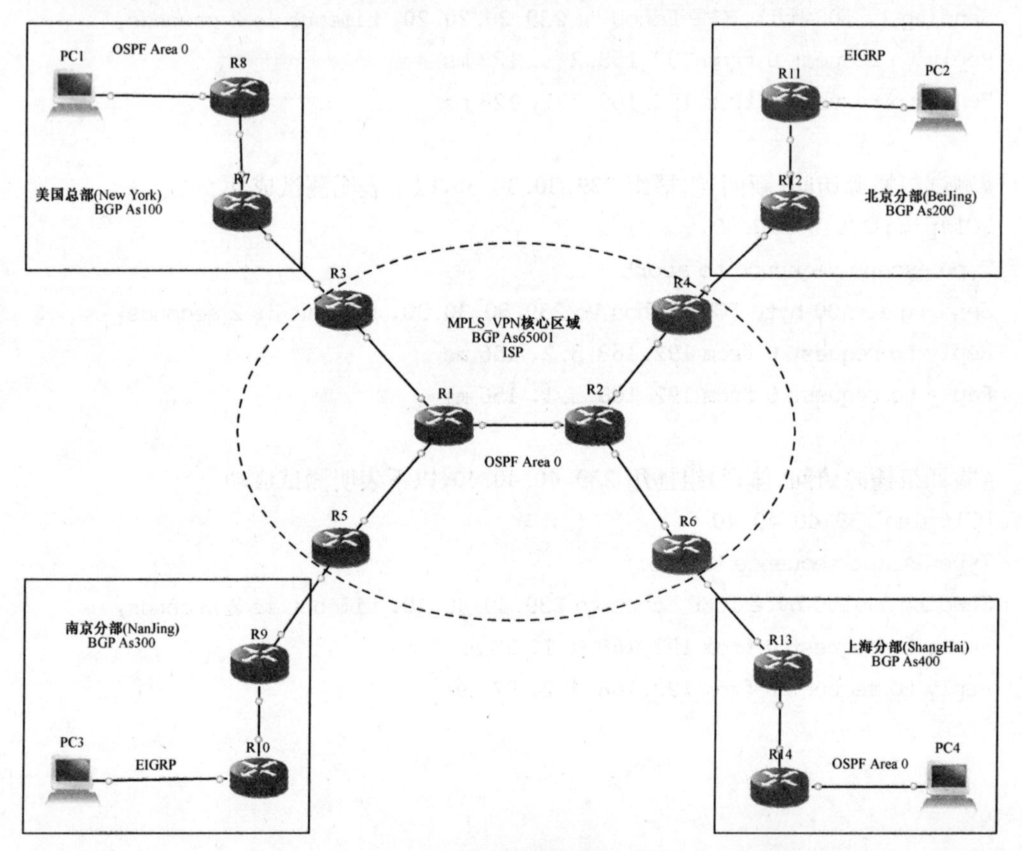

图 5.1　网络拓扑图

表 5.1 设备接口连接表

设备	端口	设备	端口	设备	端口	设备	端口
R1	E0/0	R3	E0/0	R7	E0/1	R8	E0/0
R1	E0/1	R2	E0/0	R8	E0/0	R7	E0/1
R1	E0/2	R5	E0/0	R8	E0/1	PC1	E0/0
R2	E0/0	R1	E0/1	R9	E0/0	R5	E0/1
R2	E0/1	R4	E0/0	R9	E0/1	R10	E0/0
R2	E0/2	R6	E0/0	R10	E0/0	R9	E0/1
R3	E0/0	R1	E0/0	R10	E0/1	PC3	E0/0
R3	E0/1	R7	E0/0	R11	E0/0	R12	E0/1
R4	E0/0	R2	E0/1	R11	E0/1	PC2	E0/0
R4	E0/1	R13	E0/0	R12	E0/1	R11	E0/0
R5	E0/0	R1	E0/2	R12	E0/0	R4	E0/1
R5	E0/1	R10	E0/0	R13	E0/0	R6	E0/1
R6	E0/0	R2	E0/2	R13	E0/1	R14	E0/0
R6	E0/1	R16	E0/0	R14	E0/0	R13	E0/1
R7	E0/0	R3	E0/1	R14	E0/1	PC4	E0/0

表 5.2 网络设备 IP 地址分配表

设备	接口	IP 地址	设备	接口	IP 地址
R1	E0/0	13.1.1.1/24	R5	E0/0	15.1.1.5/24
	E0/1	12.1.1.1/24		E0/1	59.1.1.5/24
	E0/2	15.1.1.1/24		Lo0	5.5.5.5/32
	Lo0	1.1.1.1/32	R6	E0/0	26.1.1.6/24
R2	E0/0	12.1.1.2/24		E0/1	136.1.1.6/24
	E0/1	24.1.1.2/24		Lo0	6.6.6.6/32
	E0/2	26.1.1.2/24	R7	E0/0	37.1.1.7/24
	Lo0	2.2.2.2/32		E0/1	78.1.1.7/24
R3	E0/0	13.1.1.3/24		Lo0	7.7.7.7/24
	E0/1	37.1.1.3/24	R8	E0/0	78.1.1.8/24
	Lo0	3.3.3.3/32		E0/1	192.168.1.254/24
R4	E0/0	24.1.1.4/24		Lo0	8.8.8.8/32
	E0/1	124.1.1.4/24	R9	E0/0	59.1.1.9/24
	Lo0	4.4.4.4/32		E0/1	90.1.1.9/24

（续表）

设备	接口	IP 地址	设备	接口	IP 地址
F9	Lo0	9.9.9.9/32	R12	E0/1	121.1.1.12/24
R10	E0/0	90.1.1.10/24		Lo0	12.12.12.12/32
	E0/1	192.168.3.254/24	R13	E0/0	136.1.1.13/24
	Lo0	10.10.10.10/32		E0/1	143.1.1.13/24
R11	E0/0	121.1.1.11/24		Lo0	13.13.13.13/32
	E0/1	192.168.2.254/24	R14	E0/0	143.1.1.14/24
	Lo0	11.11.11.11/32		E0/1	192.168.4.254/24
R12	E0/0	124.1.1.12/24		Lo0	14.14.14.14/32

注：

PC1 所在网段 192.168.1.0/24

PC2 所在网段 192.168.2.0/24

PC3 所在网段 192.168.3.0/24

PC4 所在网段 192.168.4.0/24

项目需求

一、总部网络配置要求

1. 为了管理方便，便于识别设备，为所有设备更改名称，设备名称的命名规则与拓扑图图示名称相符。
2. 依据 IP 地址图表信息，对总部网络中的所有设备接口配置 IP 地址。
3. 总部内部网络通信，使用 OSPF 路由协议实现。
4. 确保所有路由器使用 Lo0 作为 OSPF 的 router-id。
5. 不要改变 OSPF 的默认开销值。
6. 确保 OSPF 不运行在连接到其他 AS 的接口上面。
7. 在总部网络中建立对应 IBGP 和 EBGP 邻居关系，所有的 IBGP 使用彼此 Lo0 建立关系。
8. 总部网络必须仅通告 192.168.1.0/24 网段给 ISP 核心网。
9. 确保总部站点从其他站点收到对应的 BGP 路由。

二、北京分部网络配置要求

1. 为了管理方便，便于识别设备，为所有设备更改名称，设备名称的命名规则与拓扑图图示名称相符。
2. 依据 IP 地址图表信息，对分部网络中的所有设备接口配置 IP 地址。
3. 分部网络内部通信，使用 EIGRP 路由协议实现。

4. 确保每台路由器的环回口都作为 EIGRP 的内部路由。

5. 确保 EIGRP 不允许在连接其他的 AS 接口上。

6. 该网络必须使用 EIGRP 的自制系统号为 10。

7. 在分部网络中建立对应 IBGP 和 EBGP 邻居关系，所有的 IBGP 使用彼此 Lo0 建立关系。

8. 分部网络必须仅通告 192.168.2.0/24 网段给 ISP 核心网。

9. 确保分部站点从其他站点收到对应的 BGP 路由。

三、南京分部网络配置要求

1. 为了管理方便，便于识别设备，为所有设备更改名称，设备名称的命名规则与拓扑图图示名称相符。

2. 依据 IP 地址图表信息，对分部网络中的所有设备接口配置 IP 地址。

3. 分部网络内部通信，使用 EIGRP 路由协议实现。

4. 确保每台路由器的环回口都作为 EIGRP 的内部路由。

5. 确保 EIGRP 不允许在连接其他的 AS 接口上。

6. 该网络必须使用 EIGRP 的自制系统号为 10。

7. 在分部网络中建立对应 IBGP 和 EBGP 邻居关系，所有的 IBGP 使用彼此 Lo0 建立关系。

8. 分部网络必须仅通告 192.168.3.0/24 网段给 ISP 核心网。

9. 确保分部站点从其他站点收到对应的 BGP 路由。

四、上海分部网络配置要求

1. 为了管理方便，便于识别设备，为所有设备更改名称，设备名称的命名规则与拓扑图图示名称相符。

2. 依据 IP 地址图表信息，对分部网络中的所有设备接口配置 IP 地址。

3. 分部通过内部通信，使用 OSPF 路由协议实现。

4. 确保所有路由器使用 Lo0 作为 OSPF 的 router-id。

5. 不要改变 OSPF 的默认开销值。

6. 确保 OSPF 不运行在连接到其他 AS 的接口上面。

7. 在分部网络中建立对应 IBGP 和 EBGP 邻居关系，所有的 IBGP 使用彼此 Lo0 建立关系。

8. 总部网络必须仅通告 192.168.4.0/24 网段给 ISP 核心网。

9. 确保总部站点从其他站点收到对应的 BGP 路由。

五、MPLS 核心区域 ISP 网络配置要求

1. 为了管理方便，便于识别设备，为所有设备更改名称，设备名称的命名规则与拓扑图图示名称相符。

2. 依据 IP 地址图表信息，对核心网络中的所有设备接口配置 IP 地址。

3. ISP 核心网使用 OSPF 协议实现内部互通。

4. 确保 R1 为核心网中 OSPF 协议的 DR 设备。

5. 在核心网中开启公有标签协议 LDP。

6. 确保所有 LDP 路由器使用环回口作为自己的 Router-id。

7. 核心网所有的 MPBGP 隧道邻居关系采用全互联方式。

8. 所有的 MPBGP 邻居关闭采用 MD5 加密方式,密码为:admin123。

9. 核心网中 R1 和 R2 路由器不参与任何 BGP 协议。

10. 四台 PE 路由器必须使用 ASN.NN 格式作为 RD,ASN 代表 CE 的自治系统号,NN 代表合适的 VPN 站点号(总部为 1,北京分部为 2,南京分部为 3,上海分部为 4)。

11. PE 设备上虚拟路由表名称使用各站点的名称表示。

12. 最终 ISP 核心网为所有站点之间实现通信服务。

项目实施

一、总部网络需求配置

#配置 R7 设备命名
```
Router(config)#hostname R7
```

#配置 R8 设备命名
```
Router(config)#hostname R8
```

#配置 R7 接口 IP 地址
```
R7(config)#interface e0/0
R7(config-if)#no shutdown
R7(config-if)#ip address 37.1.1.7 255.255.255.0
R7(config)#interface e0/1
R7(config-if)#no shutdown
R7(config-if)#ip address 78.1.1.7 255.255.255.0
R7(config)#interface loopback 0
R7(config-if)#ip address 7.7.7.7 255.255.255.255
```

#配置 R8 接口 IP 地址
```
R8(config)#interface e0/0
R8(config-if)#no shutdown
R8(config-if)#ip address 78.1.1.8 255.255.255.0
R8(config)#interface e0/1
R8(config-if)#no shutdown
R8(config-if)#ip address 192.168.1.254 255.255.255.0
R8(config)#interface loopback 0
```

```
R8(config-if)#ip address 8.8.8.8 255.255.255.255
```

#配置 OSPF 协议

```
R7(config)#router ospf 100
R7(config-router)#router-id 7.7.7.7
R7(config-router)#network 78.1.1.7 0.0.0.0 area 0
R7(config-router)#network 7.7.7.7 0.0.0.0 area 0

R8(config)#router ospf 100
R8(config-router)#router-id 8.8.8.8
R8(config-router)#network 78.1.1.8 0.0.0.0 area 0
R8(config-router)#network 192.168.1.254 0.0.0.0 area 0
R8(config-router)#network 8.8.8.8 0.0.0.0 area 0
```

#验证总部 OSPF 协议邻居关系

查看 R7 的邻居表,如下,表明 OSPF 系统邻居关系正常

```
R7#show ip ospf neighbor
Neighbor ID     Pri     State          Dead Time     Address       Interface
8.8.8.8         1       FULL/DR        00:00:32      78.1.1.8      Ethernet0/1
```

#配置 IBGP 邻居关系

```
R7(config)#router bgp 100
R7(config-router)#no synchronization
R7(config-router)#no auto-summary
R7(config-router)#bgp router-id 7.7.7.7
R7(config-router)#neighbor 8.8.8.8 remote-as 100
R7(config-router)#neighbor 8.8.8.8 update-source loopback 0
R7(config-router)#neighbor 8.8.8.8 next-hop-self

R8(config)#router bgp 100
R8(config-router)#no synchronization
R8(config-router)#no auto-summary
R8(config-router)#bgp router-id 8.8.8.8
R8(config-router)#neighbor 7.7.7.7 remote-as 100
R8(config-router)#neighbor 7.7.7.7 update-source loopback 0
```

#配置 EBGP 邻居关系

```
R7(config)#router bgp 100
R7(config-router)#no synchronization
```

```
R7(config-router)#no auto-summary
R7(config-router)#bgp router-id 7.7.7.7
R7(config-router)#neighbor 37.1.1.3 remote-as 65001
```

#验证总部 BGP 邻居关系

查看 R7 的 BGP 邻居表，如下，表明 BGP 协议邻居关系正常。

```
R7#show ip bgp summary
Neighbor   V  AS   MsgRcvd   MsgSent   TblVer   InQ OutQ   Up/Down   State/PfxRcd
8.8.8.8    4  100    7          9         6          0       0 00:03:14       1
```

#通告本区域网段给 ISP 核心网

```
R8(config)#router bgp 100
R8(config-router)#network 192.168.1.0 mask 255.255.255.0
```

二、北京分部网络需求配置

#配置 R11 设备命名

```
Router(config)#hostname R11
```

#配置 R12 设备命名

```
Router(config)#hostname R12
```

#配置 R11 接口 IP 地址

```
R11(config)#interface e0/0
R11(config-if)#no shutdown
R11(config-if)#ip address 121.1.1.11 255.255.255.0
R11(config)#interface e0/1
R11(config-if)#no shutdown
R11(config-if)#ip address 192.168.2.254 255.255.255.0
R11(config)#interface loopback 0
R11(config-if)#ip address 11.11.11.11 255.255.255.255
```

#配置 R12 接口 IP 地址

```
R12(config)#interface e0/0
R12(config-if)#no shutdown
R12(config-if)#ip address 124.1.1.12 255.255.255.0
R12(config)#interface e0/1
R12(config-if)#no shutdown
R12(config-if)#ip address 121.1.1.12 255.255.255.0
R12(config)#interface loopback 0
```

R12(config-if)#ip address 12.12.12.12 255.255.255.255

#配置 EIGRP 协议
R11(config)#router eigrp 10
R11(config-router)#no auto-summary
R11(config-router)#network 121.1.1.0 0.0.0.255
R11(config-router)#network 192.168.2.0 0.0.0.255
R11(config-router)#network 11.11.11.11 0.0.0.0

R12(config)#router eigrp 10
R12(config-router)#no auto-summary
R12(config-router)#network 121.1.1.0 0.0.0.255
R12(config-router)#network 12.12.12.12 0.0.0.0

#验证北京分部 EIGRP 协议邻居关系
查看 R12 的邻居表，如下，表明 EIGRP 系统邻居关系正常。
R12#show ip eigrp neighbors
IP-EIGRP neighbors for process 10

H	Address	Interface	Hold Uptime (sec)	SRTT (ms)	RTO	Q Cnt	Seq Num
0	121.1.1.11	Et0/1	14 00:06:46	69	414	0	3

#配置 IBGP 邻居关系
R11(config)#router bgp 200
R11(config-router)#no synchronization
R11(config-router)#no auto-summary
R11(config-router)#bgp router-id 11.11.11.11
R11(config-router)#neighbor 12.12.12.12 remote-as 200
R11(config-router)#neighbor 12.12.12.12 update-source loopback 0

R12(config)#router bgp 200
R12(config-router)#no synchronization
R12(config-router)#no auto-summary
R12(config-router)#bgp router-id 12.12.12.12
R12(config-router)#neighbor 11.11.11.11 remote-as 200
R12(config-router)#neighbor 11.11.11.11 update-source loopback 0
R12(config-router)#neighbor 11.11.11.11 next-hop-self

#配置 EBGP 邻居关系

```
R12(config)#router bgp 200
R12(config-router)#no synchronization
R12(config-router)#no auto-summary
R12(config-router)#bgp router-id 12.12.12.12
R12(config-router)#neighbor 124.1.1.4 remote-as 65001
```

#验证北京分部 BGP 邻居关系

查看 R12 的 BGP 邻居表,如下,表明 BGP 协议邻居关系正常。

```
R12#show ip bgp summary
Neighbor      V  AS  MsgRcvd  MsgSent  TblVer  InQ OutQ  Up/Down   State/PfxRcd
11.11.11.11   4  200    11       13       6      0    0 00:07:58     1
```

#通告本区域网段给 ISP 核心网

```
R11(config)#router bgp 100
R11(config-router)#network 192.168.2.0 mask 255.255.255.0
```

三、南京分部网络需求配置

#配置 R9 设备命名

```
Router(config)#hostname R9
```

#配置 R10 设备命名

```
Router(config)#hostname R10
```

#配置 R9 接口 IP 地址

```
R9(config)#interface e0/0
R9(config-if)#no shutdown
R9(config-if)#ip address 59.1.1.9 255.255.255.0
R9(config)#interface e0/1
R9(config-if)#no shutdown
R9(config-if)#ip address 90.1.1.9 255.255.255.0
R9(config)#interface loopback 0
R9(config-if)#ip address 9.9.9.9 255.255.255.255
```

#配置 R10 接口 IP 地址

```
R10(config)#interface e0/0
R10(config-if)#no shutdown
R10(config-if)#ip address 90.1.1.10 255.255.255.0
R10(config)#interface e0/1
R10(config-if)#no shutdown
```

```
R10(config-if)#ip address 192.168.3.254 255.255.255.0
R10(config)#interface loopback 0
R10(config-if)#ip address 10.10.10.10 255.255.255.255
```

#配置 EIGRP 协议

```
R9(config)#router eigrp 10
R9(config-router)#no auto-summary
R9(config-router)#network 90.1.1.0 0.0.0.255
R9(config-router)#network 9.9.9.9 0.0.0.0

R10(config)#router eigrp 10
R10(config-router)#no auto-summary
R10(config-router)#network 90.1.1.0 0.0.0.255
R10(config-router)#network 192.168.3.0 0.0.0.255
R10(config-router)#network 10.10.10.10 0.0.0.0
```

#验证南京分部 EIGRP 协议邻居关系
查看 R9 的邻居表，如下，表明 EIGRP 系统邻居关系正常

```
R9#show ip eigrp neighbors
IP-EIGRP neighbors for process 10
H  Address      Interface    Hold Uptime     SRTT   RTO   Q    Seq
                             (sec)           (ms)         Cnt  Num
0  90.1.1.10    Et0/1        11 00:09:44 12  66     5000  0    4
```

#配置 IBGP 邻居关系

```
R9(config)#router bgp 300
R9(config-router)#no synchronization
R9(config-router)#no auto-summary
R9(config-router)#bgp router-id 9.9.9.9
R9(config-router)#neighbor 10.10.10.10 remote-as 300
R9(config-router)#neighbor 10.10.10.10 update-source loopback 0
R9(config-router)#neighbor 10.10.10.10 next-hop-self

R10(config)#router bgp 300
R10(config-router)#no synchronization
R10(config-router)#no auto-summary
R10(config-router)#bgp router-id 10.10.10.10
R10(config-router)#neighbor 9.9.9.9 remote-as 300
R10(config-router)#neighbor 9.9.9.9 update-source loopback 0
```

#配置 EBGP 邻居关系
```
R9(config)#router bgp 300
R9(config-router)#no synchronization
R9(config-router)#no auto-summary
R9(config-router)#bgp router-id 9.9.9.9
R9(config-router)#neighbor 59.1.1.5 remote-as 65001
```

#验证南京分部 BGP 邻居关系
查看 R9 的 BGP 邻居表,如下,表明 BGP 协议邻居关系正常
```
R9#show ip bgp summary
Neighbor       V  AS  MsgRcvd  MsgSent  TblVer  InQ OutQ  Up/Down   State/PfxRcd
10.10.10.10    4  300   13       15       6      0    0   00:09:57    1
```

#通告本区域网段给 ISP 核心网
```
R10(config)#router bgp 100
R10(config-router)#network 192.168.3.0 mask 255.255.255.0
```

四、上海分部网络需求配置

#配置 R13 设备命名
```
Router(config)#hostname R13
```

#配置 R14 设备命名
```
Router(config)#hostname R14
```

#配置 R13 接口 IP 地址
```
R13(config)#interface e0/0
R13(config-if)#no shutdown
R13(config-if)#ip address 136.1.1.13 255.255.255.0
R13(config)#interface e0/1
R13(config-if)#no shutdown
R13(config-if)#ip address 143.1.1.13 255.255.255.0
R13(config)#interface loopback 0
R13(config-if)#ip address 13.13.13.13 255.255.255.255
```

#配置 R14 接口 IP 地址
```
R14(config)#interface e0/0
R14(config-if)#no shutdown
R14(config-if)#ip address 143.1.1.14 255.255.255.0
R14(config)#interface e0/1
```

```
R14(config-if)#no shutdown
R14(config-if)#ip address 192.168.4.254 255.255.255.0
R14(config)#interface loopback 0
R14(config-if)#ip address 14.14.14.14 255.255.255.255
```

#配置 OSPF 协议

```
R13(config)#router ospf 100
R13(config-router)#router-id 13.13.13.13
R13(config-router)#network 143.1.1.13 0.0.0.0 area 0
R13(config-router)#network 13.13.13.13 0.0.0.0 area 0

R14(config)#router ospf 100
R14(config-router)#router-id 14.14.14.14
R14(config-router)#network 143.1.1.14 0.0.0.0 area 0
R14(config-router)#network 192.168.4.254 0.0.0.0 area 0
R14(config-router)#network 14.14.14.14 0.0.0.0 area 0
```

#验证上海分部 OSPF 协议邻居关系

查看 R13 的邻居表，如下，表明 OSPF 系统邻居关系正常。

```
R13#show ip ospf neighbor
Neighbor ID    Pri    State       Dead Time    Address       Interface
14.14.14.14    1      FULL/DR     00:00:30     143.1.1.14    Ethernet0/1
```

#配置 IBGP 邻居关系

```
R13(config)#router bgp 400
R13(config-router)#no synchronization
R13(config-router)#no auto-summary
R13(config-router)#bgp router-id 13.13.13.13
R13(config-router)#neighbor 14.14.14.14 remote-as 400
R13(config-router)#neighbor 14.14.14.14 update-source loopback 0
R13(config-router)#neighbor 14.14.14.14 next-hop-self

R14(config)#router bgp 400
R14(config-router)#no synchronization
R14(config-router)#no auto-summary
R14(config-router)#bgp router-id 14.14.14.14
R14(config-router)#neighbor13.13.13.13 remote-as 400
R14(config-router)#neighbor 13.13.13.13 update-source loopback 0
```

#配置 EBGP 邻居关系

```
R13(config)#router bgp 400
R13(config-router)#no synchronization
R13(config-router)#no auto-summary
R13(config-router)#bgp router-id 13.13.13.13
R13(config-router)#neighbor 136.1.1.6  remote-as 65001
```

#验证上海分部 BGP 邻居关系

查看 R13 的 BGP 邻居表，如下，表明 BGP 协议邻居关系正常。

```
R13#show ip bgp summary
Neighbor      V  AS  MsgRcvd  MsgSent  TblVer  InQ OutQ  Up/Down  State/PfxRcd
14.14.14.14  4  400   15       17        6         0     0 00:11:44      1
```

#通告本区域网段给 ISP 核心网

```
R14(config)#router bgp 100
R14(config-router)#network 192.168.4.0 mask 255.255.255.0
```

五、MPLS 核心区域 ISP 网络需求配置

#配置 R1、R2、R3、R4、R5、R6 设备命名

```
Router(config)#hostname R1

Router(config)#hostname R2

Router(config)#hostname R3

Router(config)#hostname R4

Router(config)#hostname R5

Router(config)#hostname R6
```

#配置 R1 接口 IP 地址

```
R1(config)#interface e0/0
R1(config-if)#no shutdown
R1(config-if)#ip address 13.1.1.1 255.255.255.0
R1(config)#interface e0/1
R1(config-if)#no shutdown
R1(config-if)#ip address 12.1.1.1 255.255.255.0
R1(config)#interface e0/2
```

```
R1(config-if)#no shutdown
R1(config-if)#ip address 15.1.1.1 255.255.255.0
R1(config)#interface loopback 0
R1(config-if)#ip address 1.1.1.1 255.255.255.255
```

#配置 R2 接口 IP 地址

```
R2(config)#interface e0/0
R2(config-if)#no shutdown
R2(config-if)#ip address 12.1.1.2 255.255.255.0
R2(config)#interface e0/1
R2(config-if)#no shutdown
R2(config-if)#ip address 24.1.1.2 255.255.255.0
R2(config)#interface e0/2
R2(config-if)#no shutdown
R2(config-if)#ip address 26.1.1.2 255.255.255.0
R2(config)#interface loopback 0
R2(config-if)#ip address 2.2.2.2 255.255.255.255
```

#配置 R3 接口 IP 地址

```
R3(config)#interface e0/0
R3(config-if)#no shutdown
R3(config-if)#ip address 13.1.1.3 255.255.255.0
R3(config)#interface e0/1
R3(config-if)#no shutdown
R3(config-if)#ip address 37.1.1.3 255.255.255.0
R3(config)#interface loopback 0
R3(config-if)#ip address 3.3.3.3 255.255.255.255
```

#配置 R4 接口 IP 地址

```
R4(config)#interface e0/0
R4(config-if)#no shutdown
R4(config-if)#ip address 24.1.1.4 255.255.255.0
R4(config)#interface e0/1
R4(config-if)#no shutdown
R4(config-if)#ip address 124.1.1.4 255.255.255.0
R4(config)#interface loopback 0
R4(config-if)#ip address 4.4.4.4 255.255.255.255
```

#配置 R5 接口 IP 地址

```
R5(config)#interface e0/0
R5(config-if)#no shutdown
R5(config-if)#ip address 15.1.1.5 255.255.255.0
R5(config)#interface e0/1
R5(config-if)#no shutdown
R5(config-if)#ip address 59.1.1.5 255.255.255.0
R5(config)#interface loopback 0
R5(config-if)#ip address 5.5.5.5 255.255.255.255

#配置 R6 接口 IP 地址
R6(config)#interface e0/0
R6(config-if)#no shutdown
R6(config-if)#ip address 26.1.1.6 255.255.255.0
R6(config)#interface e0/1
R6(config-if)#no shutdown
R6(config-if)#ip address 136.1.1.6 255.255.255.0
R6(config)#interface loopback 0
R6(config-if)#ip address 6.6.6.6 255.255.255.255

#配置 OSPF 协议
R1(config)#router ospf 100
R1(config-router)#router-id 1.1.1.1
R1(config-router)#network 12.1.1.1 0.0.0.0 area 0
R1(config-router)#network 13.1.1.1 0.0.0.0 area 0
R1(config-router)#network 15.1.1.1 0.0.0.0 area 0
R1(config-router)#network 1.1.1.1 0.0.0.0 area 0

R2(config)#router ospf 100
R2(config-router)#router-id 2.2.2.2
R2(config-router)#network 12.1.1.2 0.0.0.0 area 0
R2(config-router)#network 24.1.1.2 0.0.0.0 area 0
R2(config-router)#network 26.1.1.2 0.0.0.0 area 0
R2(config-router)#network 2.2.2.2 0.0.0.0 area 0

R3(config)#router ospf 100
R3(config-router)#router-id 3.3.3.3
R3(config-router)#network 13.1.1.3 0.0.0.0 area 0
R3(config-router)#network 3.3.3.3 0.0.0.0 area 0
```

```
R4(config)#router ospf 100
R4(config-router)#router-id 4.4.4.4
R4(config-router)#network 24.1.1.4 0.0.0.0 area 0
R4(config-router)#network 4.4.4.4 0.0.0.0 area 0

R5(config)#router ospf 100
R5(config-router)#router-id 5.5.5.5
R5(config-router)#network 15.1.1.5 0.0.0.0 area 0
R5(config-router)#network 5.5.5.5 0.0.0.0 area 0

R6(config)#router ospf 100
R6(config-router)#router-id 6.6.6.6
R6(config-router)#network 26.1.1.6 0.0.0.0 area 0
R6(config-router)#network 6.6.6.6 0.0.0.0 area 0
```

#配置 R1 为 OSPF 区域中 DR 设备，

```
R1(config)#interface e0/0
R1(config-if)#ip ospf priority 255
R1(config)#interface e0/1
R1(config-if)#ip ospf priority 255
R1(config)#interface e0/2
R1(config-if)#ip ospf priority 255
```

#验证核心 ISP 区域底层 OSPF 协议邻居关系

查看 R1 的 OSPF 邻居表，如下，表明 OSPF 协议邻居关系正常。

R1#show ip ospf neighbor

Neighbor ID	Pri	State	Dead Time	Address	Interface
5.5.5.5	1	FULL/BDR	00:00:30	15.1.1.5	Ethernet0/2
3.3.3.3	1	FULL/BDR	00:00:31	13.1.1.3	Ethernet0/0
2.2.2.2	1	FULL/BDR	00:00:34	12.1.1.2	Ethernet0/1

查看 R2 的 OSPF 邻居表，如下，表明 OSPF 协议邻居关系正常。

R2#show ip ospf neighbor

Neighbor ID	Pri	State	Dead Time	Address	Interface
6.6.6.6	1	FULL/DR	00:00:33	26.1.1.6	Ethernet0/2
4.4.4.4	1	FULL/DR	00:00:31	24.1.1.4	Ethernet0/1
1.1.1.1	255	FULL/DR	00:00:38	12.1.1.1	Ethernet0/0

#配置 ISP 核心区域 MPLS LDP 协议

```
R1(config)#mpls lable protocol ldp
R1(config)#mpls ldp router-id loopback 0 force
R1(config)#interface e0/0
R1(config-if)#mpls ip
R1(config)#interface e0/1
R1(config-if)#mpls ip
R1(config)#interface e0/2
R1(config-if)#mpls ip

R2(config)#mpls lable protocol ldp
R2(config)#mpls ldp router-id loopback 0 force
R2(config)#interface e0/0
R2(config-if)#mpls ip
R2(config)#interface e0/1
R2(config-if)#mpls ip
R2(config)#interface e0/2
R2(config-if)#mpls ip

R3(config)#mpls lable protocol ldp
R3(config)#mpls ldp router-id loopback 0 force
R3(config)#interface e0/0
R3(config-if)#mpls ip

R4(config)#mpls lable protocol ldp
R4(config)#mpls ldp router-id loopback 0 force
R4(config)#interface e0/0
R4(config-if)#mpls ip

R5(config)#mpls lable protocol ldp
R5(config)#mpls ldp router-id loopback 0 force
R5(config)#interface e0/0
R5(config-if)#mpls ip

R6(config)#mpls lable protocol ldp
R6(config)#mpls ldp router-id loopback 0 force
R6(config)#interface e0/0
R6(config-if)#mpls ip

#验证核心 ISP 区域 MPLS LDP 协议邻居关系
```

查看 R1 的 LDP 邻居表，如下，表明 MPLS 标签邻居关系正常。

```
R1 #show mpls ldp neighbor
    Peer LDP Ident: 5.5.5.5:0; Local LDP Ident 1.1.1.1:0
        TCP connection: 5.5.5.5.59984-1.1.1.1.646
        State: Oper; Msgs sent/rcvd: 29/29; Downstream
        Up time: 00:13:39
        LDP discovery sources:
          Ethernet0/2, Src IP addr: 15.1.1.5
        Addresses bound to peer LDP Ident:
          15.1.1.5        5.5.5.5
    Peer LDP Ident: 2.2.2.2:0; Local LDP Ident 1.1.1.1:0
        TCP connection: 2.2.2.2.18903-1.1.1.1.646
        State: Oper; Msgs sent/rcvd: 29/29; Downstream
        Up time: 00:13:39
        LDP discovery sources:
          Ethernet0/1, Src IP addr: 12.1.1.2
        Addresses bound to peer LDP Ident:
          12.1.1.2        2.2.2.2         24.1.1.2        26.1.1.2
    Peer LDP Ident: 3.3.3.3:0; Local LDP Ident 1.1.1.1:0
        TCP connection: 3.3.3.3.30048-1.1.1.1.646
        State: Oper; Msgs sent/rcvd: 29/29; Downstream
        Up time: 00:13:22
        LDP discovery sources:
          Ethernet0/0, Src IP addr: 13.1.1.3
        Addresses bound to peer LDP Ident:
          13.1.1.3        3.3.3.3
```

查看 R2 的 LDP 邻居表，如下，表明 MPLS 标签邻居关系正常。

```
R2 #show mpls ldp neighbor
    Peer LDP Ident: 1.1.1.1:0; Local LDP Ident 2.2.2.2:0
        TCP connection: 1.1.1.1.646-2.2.2.2.18903
        State: Oper; Msgs sent/rcvd: 30/31; Downstream
        Up time: 00:15:02
        LDP discovery sources:
          Ethernet0/0, Src IP addr: 12.1.1.1
        Addresses bound to peer LDP Ident:
          13.1.1.1        1.1.1.1         12.1.1.1        15.1.1.1
    Peer LDP Ident: 6.6.6.6:0; Local LDP Ident 2.2.2.2:0
        TCP connection: 6.6.6.6.61664-2.2.2.2.646
```

```
        State: Oper; Msgs sent/rcvd: 30/31; Downstream
        Up time: 00:14:51
        LDP discovery sources:
          Ethernet0/2, Src IP addr: 26.1.1.6
        Addresses bound to peer LDP Ident:
          26.1.1.6        6.6.6.6
    Peer LDP Ident: 4.4.4.4:0; Local LDP Ident 2.2.2.2:0
        TCP connection: 4.4.4.4.25817-2.2.2.2.646
        State: Oper; Msgs sent/rcvd: 30/31; Downstream
        Up time: 00:14:45
        LDP discovery sources:
          Ethernet0/1, Src IP addr: 24.1.1.4
        Addresses bound to peer LDP Ident:
          24.1.1.4        4.4.4.4
```

#配置 ISP 核心区域 MPBGP 隧道

```
R3(config)#router bgp 65001
R3(config-router)#no synchronization
R3(config-router)#no auto-summary
R3(config-router)#bgp router-id 3.3.3.3
R3(config-router)#neighbor 4.4.4.4 remote-as 65001
R3(config-router)#neighbor 4.4.4.4 update-source loopback 0
R3(config-router)#neighbor 4.4.4.4 password ADMIN
R3(config-router)#neighbor 5.5.5.5 remote-as 65001
R3(config-router)#neighbor 5.5.5.5 update-source loopback 0
R3(config-router)#neighbor 5.5.5.5 password ADMIN
R3(config-router)#neighbor 6.6.6.6 remote-as 65001
R3(config-router)#neighbor 6.6.6.6 update-source loopback 0
R3(config-router)#neighbor 6.6.6.6 password ADMIN
R3(config-router)#address-family vpnv4
R3(config-router-af)#neighbor 4.4.4.4 activate
R3(config-router-af)#neighbor 5.5.5.5 activate
R3(config-router-af)#neighbor 6.6.6.6 activate

R4(config)#router bgp 65001
R4(config-router)#no synchronization
R4(config-router)#no auto-summary
R4(config-router)#bgp router-id 4.4.4.4
R4(config-router)#neighbor 3.3.3.3 remote-as 65001
```

```
R4(config-router)#neighbor 3.3.3.3 update-source loopback 0
R4(config-router)#neighbor 3.3.3.3 password ADMIN
R4(config-router)#neighbor 5.5.5.5 remote-as 65001
R4(config-router)#neighbor 5.5.5.5 update-source loopback 0
R4(config-router)#neighbor 5.5.5.5 password ADMIN
R4(config-router)#neighbor 6.6.6.6 remote-as 65001
R4(config-router)#neighbor 6.6.6.6 update-source loopback 0
R4(config-router)#neighbor 6.6.6.6 password ADMIN
R4(config-router)#address-family vpnv4
R4(config-router-af)#neighbor 3.3.3.3 activate
R4(config-router-af)#neighbor 5.5.5.5 activate
R4(config-router-af)#neighbor 6.6.6.6 activate

R5(config)#router bgp 65001
R5(config-router)#no synchronization
R5(config-router)#no auto-summary
R5(config-router)#bgp router-id 5.5.5.5
R5(config-router)#neighbor 3.3.3.3 remote-as 65001
R5(config-router)#neighbor 3.3.3.3 update-source loopback 0
R5(config-router)#neighbor 3.3.3.3 password ADMIN
R5(config-router)#neighbor 4.4.4.4 remote-as 65001
R5(config-router)#neighbor 4.4.4.4 update-source loopback 0
R5(config-router)#neighbor 4.4.4.4 password ADMIN
R5(config-router)#neighbor 6.6.6.6 remote-as 65001
R5(config-router)#neighbor 6.6.6.6 update-source loopback 0
R5(config-router)#neighbor 6.6.6.6 password ADMIN
R5(config-router)#address-family vpnv4
R5(config-router-af)#neighbor 3.3.3.3 activate
R5(config-router-af)#neighbor 4.4.4.4 activate
R5(config-router-af)#neighbor 6.6.6.6 activate

R6(config)#router bgp 65001
R6(config-router)#no synchronization
R6(config-router)#no auto-summary
R6(config-router)#bgp router-id 6.6.6.6
R6(config-router)#neighbor 3.3.3.3 remote-as 65001
R6(config-router)#neighbor 3.3.3.3 update-source loopback 0
R6(config-router)#neighbor 3.3.3.3 password ADMIN
R6(config-router)#neighbor 4.4.4.4 remote-as 65001
```

```
R6(config-router)#neighbor 4.4.4.4 update-source loopback 0
R6(config-router)#neighbor 4.4.4.4 password ADMIN
R6(config-router)#neighbor 5.5.5.5 remote-as 65001
R6(config-router)#neighbor 5.5.5.5 update-source loopback 0
R6(config-router)#neighbor 5.5.5.5 password ADMIN
R6(config-router)#address-family vpnv4
R6(config-router-af)#neighbor 3.3.3.3 activate
R6(config-router-af)#neighbor 4.4.4.4 activate
R6(config-router-af)#neighbor 5.5.5.5 activate
```

#配置四台 PE 设备的 VRF 虚拟路由表

```
R3(config)#ip vrf MGZB
R3(config-vrf)#rd 100:1
R3(config-vrf)#route-target export 100:1
R3(config-vrf)#route-target import 200:2
R3(config-vrf)#route-target import 300:3
R3(config-vrf)#route-target import 400:4
R3(config)#interface e0/1
R3(config-if)#ip vrf forwarding MGZB
R3(config-if)#ip address 37.1.1.3 255.255.255.0

R4(config)#ip vrf BJFB
R4(config-vrf)#rd 200:2
R4(config-vrf)#route-target export 200:2
R4(config-vrf)#route-target import 100:1
R4(config-vrf)#route-target import 300:3
R4(config-vrf)#route-target import 400:4
R4(config)#interface e0/1
R4(config-if)#ip vrf forwarding BJFB
R4(config-if)#ip address 124.1.1.4 255.255.255.0

R5(config)#ip vrf NJFB
R5(config-vrf)#rd 300:3
R5(config-vrf)#route-target export 300:3
R5(config-vrf)#route-target import 100:1
R5(config-vrf)#route-target import 200:2
R5(config-vrf)#route-target import 400:4
R5(config)#interface e0/1
R5(config-if)#ip vrf forwarding NJFB
```

```
R5(config-if)#ip address 59.1.1.5 255.255.255.0

R6(config)#ip vrf SHFB
R6(config-vrf)#rd 400:4
R6(config-vrf)#route-target export 400:4
R6(config-vrf)#route-target import 100:1
R6(config-vrf)#route-target import 200:2
R6(config-vrf)#route-target import 400:4
R6(config)#interface e0/1
R6(config-if)#ip vrf forwarding SHFB
R6(config-if)#ip address 136.1.1.6 255.255.255.0
```

#配置 PE 与 CE 之间 BGP 对接

```
R3(config)#router bgp 65001
R3(config-router)#address-family ipv4 vrf MGZB
R3(config-router-af)#neighbor 37.1.1.7 remote-as 100
R3(config-router-af)#neighbor 37.1.1.7 activate

R4(config)#router bgp 65001
R4(config-router)#address-family ipv4 vrf BJZB
R4(config-router-af)#neighbor 124.1.1.12 remote-as 200
R4(config-router-af)#neighbor124.1.1.12 activate

R5(config)#router bgp 65001
R5(config-router)#address-family ipv4 vrf NJZB
R5(config-router-af)#neighbor 59.1.1.9 remote-as 300
R5(config-router-af)#neighbor 59.1.1.9 activate

R6(config)#router bgp 65001
R6(config-router)#address-family ipv4 vrf SHZB
R6(config-router-af)#neighbor 136.1.1.13 remote-as 400
R6(config-router-af)#neighbor 136.1.1.13 activate
```

#验证核心 ISP 区域 MPBGP 隧道邻居关系

查看 R3 的 MPBGP 邻居表，如下，表明 VPNV4 隧道邻居关系正常。

```
R3#show ip bgp vpnv4 all summary
Neighbor   V  AS     MsgRcvd  MsgSent  TblVer  InQ OutQ  Up/Down   State/PfxRcd
4.4.4.4    4  65001  25       25       8       0     0   00:20:25      1
5.5.5.5    4  65001  25       25       8       0     0   00:20:24      1
```

```
6.6.6.6    4  65001  25     25     8    0    0 00:20:28   1
37.1.1.7   4  100    24     26     8    0    0 00:20:58   1
```

查看 R4 的 MPBGP 邻居表，如下，表明 VPNV4 隧道邻居关系正常。

```
R4#show ip bgp vpnv4 all summary
Neighbor     V  AS    MsgRcvd  MsgSent  TblVer  InQ OutQ Up/Down  State/PfxRcd
3.3.3.3      4  65001  26       26       8       0   0 00:21:50   1
5.5.5.5      4  65001  26       26       8       0   0 00:21:50   1
6.6.6.6      4  65001  26       26       8       0   0 00:21:51   1
124.1.1.12   4  200    26       28       8       0   0 00:22:21   1
```

查看 R5 的 MPBGP 邻居表，如下，表明 VPNV4 隧道邻居关系正常。

```
R5#show ip bgp vpnv4 all summary
Neighbor  V  AS     MsgRcvd  MsgSent  TblVer  InQ OutQ Up/Down  State/PfxRcd
3.3.3.3   4  65001  29       29       8       0    0 00:24:21   1
4.4.4.4   4  65001  29       29       8       0    0 00:24:23   1
6.6.6.6   4  65001  29       29       8       0    0 00:24:28   1
59.1.1.9  4  300    28       30       8       0    0 00:24:55   1
```

查看 R6 的 MPBGP 邻居表，如下，表明 VPNV4 隧道邻居关系正常。

```
R6#show ip bgp vpnv4 all summary
Neighbor     V  AS     MsgRcvd  MsgSent  TblVer  InQ OutQ Up/Down  State/PfxRcd
3.3.3.3      4  65001  29       29       8       0   0 00:24:59   1
4.4.4.4      4  65001  29       29       8       0   0 00:24:58   1
5.5.5.5      4  65001  30       30       8       0   0 00:25:02   1
136.1.1.13   4  400    29       31       8       0   0 00:25:31   1
```

六、验证配置及实验结果检验

#验证各部之间是否互相收到路由

查看总部 R8 BGP 表，如下，表明已收到其他三个分部路由。

```
R8#show ip bgp
BGP table version is 5, local router ID is 8.8.8.8
Network          Next Hop     Metric     LocPrf     Weight Path
*>192.168.1.0    0.0.0.0      0                     32768 i
*>i192.168.2.0   7.7.7.7      0          100        0 65001 200 i
*>i192.168.3.0   7.7.7.7      0          100        0 65001 300 i
*>i192.168.4.0   7.7.7.7      0          100        0 65001 400 i
```

查看北京分部 R11 BGP 表，如下，表明已收到总部及其他分部路由。

```
R11#show ip bgp
```

```
BGP table version is 5, local router ID is11.11.11.11
Network          Next Hop      Metric      LocPrf      Weight Path
*>i192.168.1.0   12.12.12.12   0           100         0 65001 100 i
*>192.168.2.0    0.0.0.0       0                       32768 i
*>i192.168.3.0   12.12.12.12   0           100         0 65001 300 i
*>i192.168.4.0   12.12.12.12   0           100         0 65001 400 i
```

查看南京分部 R10 BGP 表，如下，表明已收到总部及其他分部路由。

```
R10#show ip bgp
BGP table version is 5, local router ID is10.10.10.10
Network          Next Hop      Metric      LocPrf      Weight Path
*>i192.168.1.0   9.9.9.9       0           100         0 65001 100 i
*>i192.168.2.0   9.9.9.9       0           100         0 65001 200 i
*>192.168.3.0    0.0.0.0       0                       32768 i
*>i192.168.4.0   9.9.9.9       0           100         0 65001 400 i
```

查看上海分部 R14 BGP 表，如下，表明已收到总部及其他分部路由。

```
R14#show ip bgp
BGP table version is 5, local router ID is14.14.14.14
Network          Next Hop      Metric      LocPrf      Weight Path
*>i192.168.1.0   13.13.13.13   0           100         0 65001 100 i
*>i192.168.2.0   13.13.13.13   0           100         0 65001 200 i
*>i192.168.3.0   13.13.13.13   0           100         0 65001 300 i
*>192.168.4.0    0.0.0.0       0                       32768 i
```

#验证各部之间互相 ping 通访问

测试总部 PC1 与北京分部 PC2、南京分部 PC3、上海分部 PC4 连通情况，如下，表明已成功连通。

```
PC1#ping 192.168.2.1
Type escape sequence to abort.
Sending 5, 100-byte ICMP Echos to 192.168.2.1, timeout is 2 seconds:
!!!!!
Success rate is 100 percent (5/5), round-trip min/avg/max = 264/318/376 ms

PC1#ping 192.168.3.1
Type escape sequence to abort.
Sending 5, 100-byte ICMP Echos to 192.168.3.1, timeout is 2 seconds:
!!!!!
Success rate is 60 percent (3/5), round-trip min/avg/max = 296/320/356 ms
```

```
PC1#ping 192.168.4.1
Type escape sequence to abort.
Sending 5, 100-byte ICMP Echos to 192.168.4.1, timeout is 2 seconds:
!!!!!
Success rate is 60 percent (3/5), round-trip min/avg/max = 280/294/324 ms

PC1#traceroute 192.168.4.1 n
Type escape sequence to abort.
Tracing the route to 192.168.4.1
  1 192.168.1.254 48 msec 28 msec 48 msec
  2 78.1.1.7 60 msec 56 msec 96 msec
  3 37.1.1.3 112 msec 100 msec 124 msec
  4 13.1.1.1 [MPLS: Labels 22/25 Exp 0] 220 msec 276 msec 192 msec
  5 12.1.1.2 [MPLS: Labels 22/25 Exp 0] 304 msec 228 msec 204 msec
  6 136.1.1.6 [MPLS: Label 25 Exp 0] 236 msec 144 msec 116 msec
  7 136.1.1.13 208 msec 128 msec 148 msec
  8 143.1.1.14 188 msec 336 msec 332 msec
  9 192.168.4.1 296 msec*  296 msec
```

测试北京分部PC2与总部PC1、南京分部PC3、上海分部PC4连通情况，如下，表明已成功连通。

```
PC2#ping 192.168.1.1
Type escape sequence to abort.
Sending 5, 100-byte ICMP Echos to 192.168.1.1, timeout is 2 seconds:
!!!!!
Success rate is 100 percent (5/5), round-trip min/avg/max = 264/318/376 ms

PC2#ping 192.168.3.1
Type escape sequence to abort.
Sending 5, 100-byte ICMP Echos to 192.168.3.1, timeout is 2 seconds:
!!!!!
Success rate is 60 percent (3/5), round-trip min/avg/max = 296/320/356 ms

PC2#ping 192.168.4.1
Type escape sequence to abort.
Sending 5, 100-byte ICMP Echos to 192.168.4.1, timeout is 2 seconds:
!!!!!
Success rate is 60 percent (3/5), round-trip min/avg/max = 280/294/324 ms
```

```
PC2#traceroute 192.168.1.1 n
Type escape sequence to abort.
Tracing the route to 192.168.1.1
  1 192.168.2.254 28 msec 100 msec 52 msec
  2 121.1.1.12 76 msec 60 msec 60 msec
  3 124.1.1.4 112 msec 88 msec 92 msec
  4 24.1.1.2 [MPLS: Labels 19/25 Exp 0] 268 msec 244 msec 280 msec
  5 12.1.1.1 [MPLS: Labels 20/25 Exp 0] 328 msec 248 msec 296 msec
  6 37.1.1.3 [MPLS: Label 25 Exp 0] 232 msec 200 msec 216 msec
  7 37.1.1.7 284 msec 244 msec 264 msec
  8 78.1.1.8 284 msec 384 msec 296 msec
  9 192.168.1.1 344 msec*   400 msec
```

测试南京分部 PC3 与总部 PC1、北京分部 PC2、上海分部 PC4 连通情况，如下，表明已成功连通。

```
PC3#ping 192.168.1.1
Type escape sequence to abort.
Sending 5, 100-byte ICMP Echos to 192.168.1.1, timeout is 2 seconds:
!!!!!
Success rate is 100 percent (5/5), round-trip min/avg/max = 264/318/376 ms

PC3#ping 192.168.2.1
Type escape sequence to abort.
Sending 5, 100-byte ICMP Echos to 192.168.2.1, timeout is 2 seconds:
!!!!!
Success rate is 60 percent (3/5), round-trip min/avg/max = 296/320/356 ms

PC3#ping 192.168.4.1
Type escape sequence to abort.
Sending 5, 100-byte ICMP Echos to 192.168.4.1, timeout is 2 seconds:
!!!!!
Success rate is 60 percent (3/5), round-trip min/avg/max = 280/294/324 ms

PC3#traceroute 192.168.1.1 n
Type escape sequence to abort.
Tracing the route to 192.168.1.1
  1 192.168.3.254 44 msec 28 msec 16 msec
  2 90.1.1.9 108 msec 60 msec 92 msec
```

```
3 59.1.1.5 96 msec 164 msec 124 msec
4 15.1.1.1 [MPLS: Labels 20/25 Exp 0] 264 msec 248 msec 264 msec
5 37.1.1.3 [MPLS: Label 25 Exp 0] 172 msec 200 msec 156 msec
6 37.1.1.7 280 msec 168 msec 200 msec
7 78.1.1.8 236 msec 248 msec 232 msec
8 192.168.1.1 388 msec*  264 msec
```

测试上海分部 PC4 与总部 PC1、北京分部 PC2、上海分部 PC3 连通情况，如下，表明已成功连通。

```
PC4#ping 192.168.1.1
Type escape sequence to abort.
Sending 5, 100-byte ICMP Echos to 192.168.1.1, timeout is 2 seconds:
!!!!!
Success rate is 100 percent (5/5), round-trip min/avg/max = 264/318/376 ms

PC4#ping 192.168.2.1
Type escape sequence to abort.
Sending 5, 100-byte ICMP Echos to 192.168.2.1, timeout is 2 seconds:
!!!!!
Success rate is 60 percent (3/5), round-trip min/avg/max = 296/320/356 ms

PC4#ping 192.168.3.1
Type escape sequence to abort.
Sending 5, 100-byte ICMP Echos to 192.168.3.1, timeout is 2 seconds:
!!!!!
Success rate is 60 percent (3/5), round-trip min/avg/max = 280/294/324 ms

PC4#traceroute 192.168.1.1 n
Type escape sequence to abort.
Tracing the route to 192.168.1.1
 1 192.168.4.254 36 msec 28 msec 32 msec
 2 143.1.1.13 28 msec 60 msec 64 msec
 3 136.1.1.6 124 msec 72 msec 112 msec
 4 26.1.1.2 [MPLS: Labels 19/25 Exp 0] 172 msec 180 msec 268 msec
 5 12.1.1.1 [MPLS: Labels 20/25 Exp 0] 328 msec 260 msec 260 msec
 6 37.1.1.3 [MPLS: Label 25 Exp 0] 316 msec 180 msec 204 msec
 7 37.1.1.7 248 msec 244 msec 252 msec
 8 78.1.1.8 280 msec 276 msec 276 msec
 9 192.168.1.1 364 msec*  276 msec
```

项 目 六

【微信扫码】
学习辅助资源

项目背景

某医院是一个乡镇级医院，有 4 个部门：门诊部、急诊部、住院部、行政部。为考虑总院内部网络的安全，将不同部门划分到不同 VLAN；并采用 HSRP/VRRP 结合 rstp 实现网关的冗余和 VLAN 流量的规划，医院内部路由采用 OSPF 协议。为优化就医环境，需要在门诊大楼公共区域部署无线网络，并且使用一个单独的 VLAN。为优化诊疗流程和宣传医院形象，医院有 HTTP 和 FTP 服务器，并把 http 服务器需要发布到互联网上，供合作单位及出差职工访问。医院采用 100M 线路接入 Internet，拥有 2 个独立公网 IP。拓扑信息详见图表。

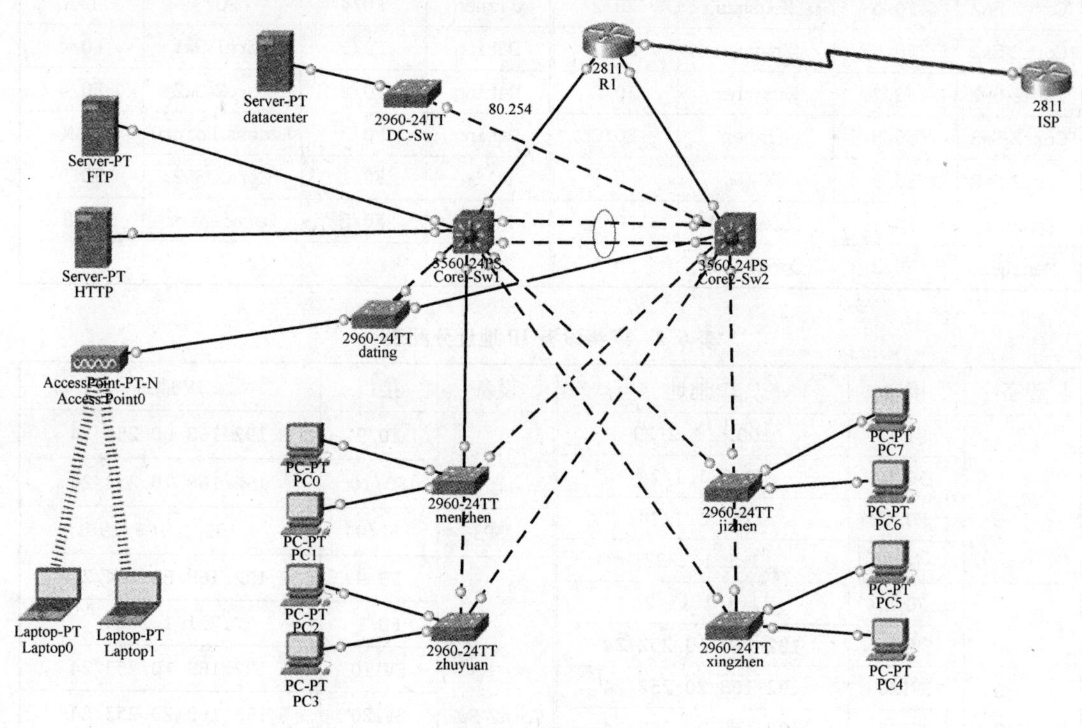

图 6.1　医院拓扑

表 6.1 设备接口连接表

设备	端口	设备	端口	设备	端口	设备	端口
R1	F0/0	Core-Sw1	F0/1	Menzhen	F0/3	PC0	LAN
R1	F0/1	Core-Sw2	F0/1	Menzhen	F0/4	PC1	LAN
R1	S1/0	ISP	S1/0	Zhuyuan	F0/1	Core1-Sw1	F0/6
Core1-Sw1	F0/1	R1	F0/0	Zhuyuan	F0/2	Core2-Sw2	F0/6
Core1-Sw1	F0/2-3	Core-Sw2	F0/2-3	Zhuyuan	F0/3	PC2	LAN
Core1-Sw1	F0/5	Menzhen	F0/1	Zhuyuan	F0/4	PC3	LAN
Core1-Sw1	F0/6	Zhuyuan	F0/1	Xingzheng	F0/1	Core1-Sw1	F0/7
Core1-Sw1	F0/7	Xingzhen	F0/1	Xingzhen	F0/2	Core2-Sw2	F0/7
Core1-Sw1	F0/8	Jizhen	F0/1	Xingzheng	F0/3	PC4	LAN
Core1-Sw1	F0/9	FTP	LAN	Xingzhen	F0/4	PC5	LAN
Core1-Sw1	F0/10	HTTP	LAN	Jizhen	F0/1	Core1-Sw1	F0/8
Core2-Sw2	F0/1	R1	F0/1	Jizhen	F0/2	Core2-Sw2	F0/8
Core2-Sw2	F0/2-3	Core-Sw1	F0/2-3	Jizhen	F0/3	PC6	LAN
Core2-Sw2	F0/5	Menzhen	F0/2	Jizhen	F0/4	PC7	LAN
Core2-Sw2	F0/6	Zhuyuan	F0/2	Dating	F0/1	Core1-Sw1	F0/4
Core2-Sw2	F0/7	Xingzhen	F0/2	Dating	F0/2	Core2-Sw2	F0/4
Core2-Sw2	F0/8	Jizhen	F0/2	Dating	F0/3	Access Point0	LAN
Core2-Sw2	F0/9	DC-Sw	F0/9	DC-Sw	F0/1	Core2-Sw2	F0/9
Menzhen	F0/1	Core1-Sw1	F0/5	DC-Sw	F0/2	Datacenter	LAN
Menzhen	F0/2	Core2-Sw2	F0/5				

表 6.2 网络设备 IP 地址分配表

设备	接口	IP 地址	设备	接口	IP 地址
R1	S1/0	100.1.1.2/29		F0/9	192.168.60.254/24
	F0/0	11.1.1.1/24		F0/10	192.168.70.254/24
	F0/1	12.1.1.1/24	ISP3	S1/0	100.1.1.1/29
	Lo0	1.1.1.1/32	Core2-Sw2	F0/9	192.168.80.254/24
Core1-Sw1	F0/1	11.1.1.11/24		F0/1	12.1.1.2/24
	SVI10	192.168.10.252/24		SVI10	192.168.10.253/24
	SVI20	192.168.20.252/24		SVI20	192.168.20.253/24
	SVI30	192.168.30.252/24		SVI30	192.168.30.253/24
	SVI40	192.168.40.252/24		SVI40	192.168.40.253/24
	SVI50	192.168.50.252/24		SVI50	192.168.50.253/24
	Lo0	11.11.11.11/32			

注：

PC0、PC1 所在网段 192.168.10.0/24

PC2、PC3 所在网段 192.168.20.0/24

PC4、PC5 所在网段 192.168.20.0/24

PC6、PC7 所在网段 192.168.40.0/24

Laptop0、Laptop1 所在网段 192.168.50.0/24

FTP 所在网段 192.168.60.0/24

HTTP 所在网段 192.168.70.0/24

DataCenter 所在网段 192.168.80.0/24

项目需求

一、物理连接与 IP 地址划分

1. 按照网络拓扑图制作以太网网线，并连接设备。要求符合 T568A 和 T568B 的标准，其线缆长度适中。

2. 依据图表信息所示，对网络中的所有设备接口配置 IP 地址。

交换机配置

3. 为了管理方便，便于识别设备，为所有交换设备更改名称，设备名称的命名规则与拓扑图图示名称相符。

4. 根据拓扑结构图划分 VLAN，并把相对应接口添加到 VLAN 中。

5. 在 R1 上配置 DHCP 服务器，让门诊部、急诊部、住院部、行政部和大厅的用户通过 R1 上的 DHCP 获得地址，为了避免地址冲突，并把所有的网关地址进行排除。

6. 使用端口汇聚技术，将三层交换机 Core1-Sw1 接口 F0/2-F0/3 与三层交换机 Core2-Sw2 接口 F0/2-F0/3 配置为汇聚接口。

7. 使用冗余，并且当主转发设备出现故障，备份转发设备能够主动变成转发设备。

8. 使用 RSTP 实现 VLAN 流量的规划。

二、路由器配置

1. 基于拓扑信息配置公司使用 OSPF 路由协议。

2. R2 与 Core1-Sw1、Core 2-Sw2 上启用 OSPF 认证。认证方式为 MD5，字符串为 admin。

3. R1、Core1-Sw1 和 Core 2-Sw2 使用各自 loopback0 作为各自的 router-id。

三、广域网配置

1. R1 与 ISP 之间使用 PPP 封装，使用 CHAP 认证方式，ISP3 为验证端，用户名为 admin123，密码：admin123。

2. R1 连接 ISP 的 S1/0 口是公司网络的出口，在 R1 上做 NAT 保证内网所有计算机都可以访问公网，并将内网服务器 HTTP 映射到外网接口。

项目实施

一、物理层接口配置

```
#配置 R1 接口 IP 地址
R1(config)#interface fastEthernet0/0
R1(config-if)#ip address 11.1.1.1 255.255.255.0
R1(config-if)#no shutdown
R1(config)#interface fastEthernet0/1
R1(config-if)#ip address 12.1.1.1 255.255.255.0
R1(config-if)#no shutdown
R1(config)#interface serial1/0
R1(config-if)#ip address 100.1.1.1 255.255.255.0
R1(config-if)#no shutdown
R1(config)#interface loopback0
R1(config-if)#ip address 1.1.1.1 255.255.255.255

#配置 Core1-Sw1 接口 IP 地址
Core1-Sw1(config)#vlan 10
Core1-Sw1(config-vlan)#vlan 20
Core1-Sw1(config-vlan)#vlan 30
Core1-Sw1(config-vlan)#vlan 40
Core1-Sw1(config-vlan)#vlan 50
Core1-Sw1(config)#interface fastEthernet0/1
Core1-Sw1(config-if)#no switchport
Core1-Sw1(config-if)#ip address 11.1.1.11 255.255.255.0
Core1-Sw1(config-if)#no shutdown
Core1-Sw1(config)#interface fastEthernet0/9
Core1-Sw1(config-if)#no switchport
Core1-Sw1(config-if)#ip address 192.168.60.254 255.255.255.0
Core1-Sw1(config-if)#no shutdown
Core1-Sw1(config)#interface fastEthernet0/10
Core1-Sw1(config-if)#no switchport
Core1-Sw1(config-if)#ip address 192.168.70.254 255.255.255.0
Core1-Sw1(config-if)#no shutdown
Core1-Sw1(config)#interface vlan10
Core1-Sw1(config-if)#ip address 192.168.10.252 255.255.255.0
Core1-Sw1(config-if)#no shutdown
```

```
Core1-Sw1(config)#interface vlan20
Core1-Sw1(config-if)#ip address 192.168.20.252 255.255.255.0
Core1-Sw1(config-if)#no shutdown
Core1-Sw1(config)#interface vlan30
Core1-Sw1(config-if)#ip address 192.168.30.252 255.255.255.0
Core1-Sw1(config-if)#no shutdown
Core1-Sw1(config)#interface vlan40
Core1-Sw1(config-if)#ip address 192.168.40.252 255.255.255.0
Core1-Sw1(config-if)#no shutdown
Core1-Sw1(config)#interface vlan10
Core1-Sw1(config-if)#ip address 192.168.50.252 255.255.255.0
Core1-Sw1(config-if)#no shutdown
Core1-Sw1(config-if)#interface range fastEthernet0/2-8
Core1-Sw1(config-if)#switchport trunk encapsulation dot1q
Core1-Sw1(config-if)#switchport mode trunk
Core1-Sw1(config-if)#interface range fastEthernet0/2-3
Core1-Sw1(config-if)#channel-group 1 mode on
```

#配置 Core2-Sw2 接口 IP 地址

```
Core2-Sw2(config)#vlan 10
Core2-Sw2(config-vlan)#vlan 20
Core2-Sw2(config-vlan)#vlan 30
Core2-Sw2(config-vlan)#vlan 40
Core2-Sw2(config-vlan)#vlan 50
Core2-Sw2(config)#interface fastEthernet0/1
Core2-Sw2(config-if)#no switchport
Core2-Sw2(config-if)#ip address 11.1.1.11 255.255.255.0
Core2-Sw2(config-if)#no shutdown
Core2-Sw2(config)#interface fastEthernet0/9
Core2-Sw2(config-if)#no switchport
Core2-Sw2(config-if)#ip address 192.168.60.254 255.255.255.0
Core2-Sw2(config-if)#no shutdown
Core2-Sw2(config)#interface fastEthernet0/10
Core2-Sw2(config-if)#no switchport
Core2-Sw2(config-if)#ip address 192.168.70.254 255.255.255.0
Core2-Sw2(config-if)#no shutdown
Core2-Sw2(config)#interface vlan10
Core2-Sw2(config-if)#ip address 192.168.10.252 255.255.255.0
Core2-Sw2(config-if)#no shutdown
```

```
Core2-Sw2(config)#interface vlan20
Core2-Sw2(config-if)#ip address 192.168.20.252 255.255.255.0
Core2-Sw2(config-if)#no shutdown
Core2-Sw2(config)#interface vlan30
Core2-Sw2(config-if)#ip address 192.168.30.252 255.255.255.0
Core2-Sw2(config-if)#no shutdown
Core2-Sw2(config)#interface vlan40
Core2-Sw2(config-if)#ip address 192.168.40.252 255.255.255.0
Core2-Sw2(config-if)#no shutdown
Core2-Sw2(config)#interface vlan10
Core2-Sw2(config-if)#ip address 192.168.50.252 255.255.255.0
Core2-Sw2(config-if)#no shutdown
Core2-Sw2(config-if)#interface range fastEthernet0/2-8
Core2-Sw2(config-if)#switchport trunk encapsulation dot1q
Core2-Sw2(config-if)#switchport mode trunk
Core2-Sw2(config-if)#interface range fastEthernet0/2-3
Core2-Sw2(config-if)#channel-group 1 mode on
```

#配置 ISP 的接口 IP 地址

```
ISP(config)#interface serial1/0
ISP(config-if)#ip address 100.1.1.1 255.255.255.248
ISP(config-if)#no shutdown
```

#配置 Menzhen 接口 vlan-id

```
Menzhen(config)#vlan 10
Menzhen(config-vlan)#vlan 20
Menzhen(config-vlan)#vlan 40
Menzhen(config-vlan)#vlan 30
Menzhen(config-vlan)#vlan 50
Menzhen(config-vlan)#interface range fastEthernet0/1-2
Menzhen(config-if-range)#switchport mode trunk
Menzhen(config-if-range)#interface range fastEthernet0/3-4
Menzhen(config-if-range)#switchport mode access
Menzhen(config-if-range)#switchport access vlan 10
```

#配置 Zhuyuan 接口 vlan-id

```
Zhuyuan(config)#vlan 10
Zhuyuan(config-vlan)#vlan 20
Zhuyuan(config-vlan)#vlan 30
```

```
Zhuyuan(config-vlan)#vlan 40
Zhuyuan(config-vlan)#vlan 50
Zhuyuan(config-vlan)#interface range fastEthernet0/1-2
Zhuyuan(config-if-range)#switchport mode trunk
Zhuyuan(config-if-range)#interface range fastEthernet0/3-4
Zhuyuan(config-if-range)#switchport mode access
Zhuyuan(config-if-range)#switchport access vlan 20
```

#配置 Jizhen 接口 vlan-id

```
Jizhen(config)#vlan 10
Jizhen(config-vlan)#vlan 20
Jizhen(config-vlan)#vlan 30
Jizhen(config-vlan)#vlan 40
Jizhen(config-vlan)#vlan 50
Jizhen(config-vlan)#interface range fastEthernet0/1-2
Jizhen(config-if-range)#switchport mode trunk
Jizhen(config-if-range)#interface range fastEthernet0/3-4
Jizhen(config-if-range)#switchport mode access
Jizhen(config-if-range)#switchport access vlan 40
```

#配置 Xingzhen 接口 vlan-id

```
Xingzhen(config)#vlan 10
Xingzhen(config-vlan)#vlan 20
Xingzhen(config-vlan)#vlan 30
Xingzhen(config-vlan)#vlan 40
Xingzhen(config-vlan)#vlan 50
Xingzhen(config-vlan)#interface range fastEthernet0/1-2
Xingzhen(config-if-range)#switchport mode trunk
Xingzhen(config-if-range)#interface range fastEthernet0/3-4
Xingzhen(config-if-range)#switchport mode access
Xingzhen(config-if-range)#switchport access vlan 30
```

#配置 Dating 接口 vlan-id

```
Dating(config)#vlan 10
Dating(config-vlan)#vlan 20
Dating(config-vlan)#vlan 30
Dating(config-vlan)#vlan 40
Dating(config-vlan)#vlan 50
Dating(config-vlan)#interface range fastEthernet0/1-2
```

```
Dating(config-if-range)#switchport mode trunk
Dating(config-if-range)#interface fastEthernet0/3
Dating(config-if)#switchport mode access
Dating(config-if)#switchport access vlan 50
```

二、逻辑层协议配置及验证

```
#配置 Core1-Sw1 冗余
Core1-Sw1(config)#interface vlan 10
Core1-Sw1(config-if)#standby 10 ip 192.168.10.254
Core1-Sw1(config-if)#standby 10 preempt
Core1-Sw1(config-if)#standby 10priority 110
Core1-Sw1(config)#interface vlan 20
Core1-Sw1(config-if)#standby 20 ip 192.168.20.254
Core1-Sw1(config-if)#standby 20 preempt
Core1-Sw1(config-if)#standby 20priority 110
Core1-Sw1(config)#interface vlan 30
Core1-Sw1(config-if)#standby 30 ip 192.168.30.254
Core1-Sw1(config-if)#standby 30 preempt
Core1-Sw1(config-if)#standby 30priority 110
Core1-Sw1(config)#interface vlan 40
Core1-Sw1(config-if)#standby 40 ip 192.168.40.254
Core1-Sw1(config-if)#standby 40 preempt
Core1-Sw1(config)#interface vlan 50
Core1-Sw1(config-if)#standby 50 ip 192.168.50.254
Core1-Sw1(config-if)#standby 50 preempt

#配置 Core2-Sw2 冗余
Core2-Sw2(config)#interface vlan 10
Core2-Sw2(config-if)#standby 10 ip 192.168.10.254
Core2-Sw2(config-if)#standby 10 preempt
Core2-Sw2(config)#interface vlan 20
Core2-Sw2(config-if)#standby 20 ip 192.168.20.254
Core2-Sw2(config-if)#standby 20 preempt
Core2-Sw2(config)#interface vlan 30
Core2-Sw2(config-if)#standby 30 ip 192.168.30.254
Core2-Sw2(config-if)#standby 30 preempt
Core2-Sw2(config)#interface vlan 40
Core2-Sw2(config-if)#standby 40 ip 192.168.40.254
Core2-Sw2(config-if)#standby 40 preempt
```

```
Core2-Sw2(config-if)#standby 40priority 110
Core2-Sw2(config)#interface vlan 50
Core2-Sw2(config-if)#standby 50 ip 192.168.50.254
Core2-Sw2(config-if)#standby 50 preempt
Core2-Sw2(config-if)#standby 50priority 110
```

#验证冗余

在 Core1-Sw1 上查看主备设备

```
Core1-Sw1#show standby brief
Interface  Grp  Pri P State    Active          Standby         Virtual IP
Vl10       10   110 P Active   local           192.168.10.253  192.168.10.254
Vl20       20   110 P Active   local           192.168.20.253  192.168.20.254
Vl30       30   110 P Active   local           192.168.30.253  192.168.30.254
Vl40       40   100 P Standby  192.168.40.253  local           192.168.40.254
Vl50       50   100 P Standby  192.168.50.253  local           192.168.50.254
```

在 Core2-Sw2 上查看主备设备

```
Core-Sw2#show standby brief
Interface  Grp  Pri P State    Active          Standby         Virtual IP
Vl10       10   100 P Standby  192.168.10.252  local           192.168.10.254
Vl20       20   100 P Standby  192.168.20.252  local           192.168.20.254
Vl30       30   100 P Standby  192.168.30.252  local           192.168.30.254
Vl40       40   110 P Active   local           192.168.40.252  192.168.40.254
Vl50       50   110 P Active   local           192.168.50.252  192.168.50.254
```

#调整 Core1-Sw1 为 vlan10,vlan20,vlan30 的根桥,调整 Core2-Sw2 为 VLAN40,VLAN50 的备份根

```
Core1-Sw1(config)#spanning-tree vlan 10,20,30 priority 0
Core1-Sw1(config)#spanning-tree vlan 40,50 priority 4096
```

#调整 Core2-Sw2 为 vlan40,Vlan50 的根桥,调整 Core1-Sw1 为 VLAN10,VLAN20,VLAN30 的备份根

```
Core2-Sw2(config)#spanning-tree vlan 10,20,30 priority 4096
Core2-Sw2(config)#spanning-tree vlan 40,50 priority 0
```

#验证根桥调整

```
Core1-Sw1#show spanning-tree
VLAN0010
  Spanning tree enabled protocol ieee
  Root ID     Priority     10
              Address     000A.F37A.3570
```

```
                This bridge is the root
                Hello Time   2 sec  Max Age 20 sec  Forward Delay 15 sec
   Bridge ID    Priority     10  (priority 0 sys-id-ext 10)
                Address     000A.F37A.3570
                Hello Time   2 sec  Max Age 20 sec  Forward Delay 15 sec
                Aging Time   20
   VLAN0020
   Spanning tree enabled protocol ieee
   Root ID      Priority     20
                Address     000A.F37A.3570
                This bridge is the root
                Hello Time   2 sec  Max Age 20 sec  Forward Delay 15 sec
   Bridge ID    Priority     20  (priority 0 sys-id-ext 20)
                Address     000A.F37A.3570
                Hello Time   2 sec  Max Age 20 sec  Forward Delay 15 sec
                Aging Time   20
 VLAN0030
   Spanning tree enabled protocol ieee
   Root ID      Priority     30
                Address     000A.F37A.3570
                This bridge is the root
                Hello Time   2 sec  Max Age 20 sec  Forward Delay 15 sec
   Bridge ID    Priority     30  (priority 0 sys-id-ext 30)
                Address     000A.F37A.3570
                Hello Time   2 sec  Max Age 20 sec  Forward Delay 15 sec
                Aging Time   20
       Desg FWD 9       128.27   Shr
 VLAN0040
   Spanning tree enabled protocol ieee
   Root ID      Priority     40
                Address     0050.0FE2.2B40
                Cost         9
                Port         27(Port-channel 1)
                Hello Time   2 sec  Max Age 20 sec  Forward Delay 15 sec
   Bridge ID    Priority     4136  (priority 4096 sys-id-ext 40)
                Address     000A.F37A.3570
                Hello Time   2 sec  Max Age 20 sec  Forward Delay 15 sec
                Aging Time   20
```

配置 OSPF 协议及认证。

#配置 Core1-Sw1

```
Core1-Sw1(config)#ip routing
Core1-Sw1(config)#router ospf 110
Core1-Sw1(config-router)#router-id 11.11.11.11
Core1-Sw1(config-router)#network 0.0.0.0 255.255.255.255 area 0
Core1-Sw1(config)#interface f0/1
Core1-Sw1(config-if)#ip ospf authentication message-digest
Core1-Sw1(config-if)#ip ospf message-digest-key 1 md5 admin
```

#配置 Core2-Sw2

```
Core2-Sw2(config)#ip routing
Core2-Sw2(config)#router ospf 110
Core2-Sw2(config-router)#router-id 2.2.2.2
Core2-Sw2(config-router)#network 0.0.0.0 255.255.255.255 area 0
Core2-Sw2(config)#interface f0/1
Core2-Sw2(config-if)#ip ospf authentication message-digest
Core2-Sw2(config-if)#ip ospf message-digest-key 1 md5 admin
```

#配置 R1

```
R1(config)#router ospf 110
R1(config-router)#router-id 1.1.1.1
R1(config-router)#network 1.1.1.1 0.0.0.0 area 0
R1(config-router)#network 11.1.1.1 0.0.0.0 area 0
R1(config-router)#network 12.1.1.1 0.0.0.0 area 0
R1(config)#interface f0/1
R1(config-if)#ip ospf authentication message-digest
R1(config-if)#ip ospf message-digest-key 1 md5 admin
R1(config)#interface f0/0
R1(config-if)#ip ospf authentication message-digest
R1(config-if)#ip ospf message-digest-key 1 md5 admin
```

#验证 OSPF 协议邻居关系

查看 R1 的邻居表，如下，表明 OSPF 系统邻居关系正常。

```
R1#show ip ospf neighbor
Neighbor ID     Pri   State      Dead Time   Address      Interface
11.11.11.11     1     FULL/DR    00:00:36    11.1.1.11    FastEthernet0/0
2.2.2.2         1     FULL/DR    00:00:36    12.1.1.2     FastEthernet0/1
```

#验证 OSPF 协议路由条目

查看 R1 的路由表，如下，表明 OSPF 系统路由条目齐全。

```
R1#  show ip route
       1.0.0.0/32 is subnetted, 1 subnets
C          1.1.1.1 is directly connected, Loopback0
       2.0.0.0/32 is subnetted, 1 subnets
O          2.2.2.2 [110/2] via 12.1.1.2, 00:20:30, FastEthernet0/0
       20.0.0.0/32 is subnetted, 1 subnets
O          20.20.20.20 [110/2] via 12.1.1.2, 00:20:30, FastEthernet0/0
C      192.168.10.0/24 is directly connected, FastEthernet0/1
       10.0.0.0/32 is subnetted, 1 subnets
O         10.10.10.10 [110/2] via 12.1.1.2, 00:20:30, FastEthernet0/0
       11.0.0.0/24 is subnetted, 1 subnets
C         11.1.1.0 is directly connected, FastEthernet1/0
       12.0.0.0/24 is subnetted, 1 subnets
C         12.1.1.0 is directly connected, FastEthernet0/0
```

#验证 OSPF 协议路由条目

查看 R2 的路由表，如下，表明 OSPF 系统路由条目齐全。

```
R2#show ip route
       200.200.200.0/32 is subnetted, 1 subnets
R          200.200.200.200 [120/1] via 22.1.1.22, 00:00:01, FastEthernet2/0
       2.0.0.0/32 is subnetted, 1 subnets
C          2.2.2.2 is directly connected, Loopback0
       100.0.0.0/32 is subnetted, 1 subnets
R          100.100.100.100 [120/1] via 22.1.1.22, 00:00:01, FastEthernet2/0
       21.0.0.0/24 is subnetted, 1 subnets
R          21.1.1.0 [120/1] via 22.1.1.22, 00:00:01, FastEthernet2/0
       20.0.0.0/32 is subnetted, 1 subnets
C          20.20.20.20 is directly connected, Loopback20
       22.0.0.0/24 is subnetted, 1 subnets
C          22.1.1.0 is directly connected, FastEthernet2/0
       10.0.0.0/32 is subnetted, 1 subnets
C          10.10.10.10 is directly connected, Loopback10
       12.0.0.0/24 is subnetted, 1 subnets
C          12.1.1.0 is directly connected, FastEthernet0/0
```

#验证公司路由是否齐全

查看 R1 的路由表，如下，表明公司内部路由齐全。

```
R1#show ip route
1.0.0.0/32 is subnetted, 1 subnets
C 1.1.1.1 is directly connected, Loopback0
11.0.0.0/24 is subnetted, 1 subnets
C 11.1.1.0 is directly connected, FastEthernet0/0
12.0.0.0/24 is subnetted, 1 subnets
C 12.1.1.0 is directly connected, FastEthernet0/1
100.0.0.0/29 is subnetted, 1 subnets
C 100.1.1.0 is directly connected, Serial1/0
O 192.168.10.0/24 [110/2] via 11.1.1.11, 01:53:38, FastEthernet0/0
[110/2] via 12.1.1.2, 01:53:38, FastEthernet0/1
O 192.168.20.0/24 [110/2] via 11.1.1.11, 01:53:38, FastEthernet0/0
[110/2] via 12.1.1.2, 01:53:38, FastEthernet0/1
O 192.168.30.0/24 [110/2] via 11.1.1.11, 01:53:38, FastEthernet0/0
[110/2] via 12.1.1.2, 01:53:38, FastEthernet0/1
O 192.168.40.0/24 [110/2] via 11.1.1.11, 01:53:38, FastEthernet0/0
[110/2] via 12.1.1.2, 01:53:38, FastEthernet0/1
O 192.168.50.0/24 [110/2] via 11.1.1.11, 01:53:38, FastEthernet0/0
[110/2] via 12.1.1.2, 01:53:38, FastEthernet0/1
O 192.168.60.0/24 [110/2] via 11.1.1.11, 01:53:48, FastEthernet0/0
O 192.168.70.0/24 [110/2] via 11.1.1.11, 01:53:48, FastEthernet0/0
O 192.168.80.0/24 [110/2] via 12.1.1.2, 01:53:38, FastEthernet0/1
```

服务配置及数据层面验证。

```
#配置 DHCP
#在 R1 上配置 DHCP
R1(config)#ip dhcp pool vlan10
R1(dhcp-config)#network 192.168.10.0 255.255.255.0
R1(dhcp-config)#default-router 192.168.10.254
R1(dhcp-config)#dns-server 192.168.70.1
R1(config)#ip dhcp pool vlan20
R1(dhcp-config)#network 192.168.20.0 255.255.255.0
R1(dhcp-config)#default-router 192.168.20.254
R1(dhcp-config)#dns-server 192.168.70.1
R1(config)#ip dhcp pool vlan30
R1(dhcp-config)#network 192.168.30.0 255.255.255.0
R1(dhcp-config)#default-router 192.168.30.254
R1(dhcp-config)#dns-server 192.168.70.1
R1(dhcp-config)#ip dhcp po vlan40
```

```
R1(dhcp-config)#network 192.168.40.0 255.255.255.0
R1(dhcp-config)#default-router 192.168.40.254
R1(dhcp-config)#dns-server 192.168.70.1
R1(dhcp-config)#ip dhcp po vlan50
R1(dhcp-config)#network 192.168.50.0 255.255.255.0
R1(dhcp-config)#default-route 192.168.50.254
R1(dhcp-config)#dns-server 192.168.70.1
R1(config)#ip dhcp excluded-address 192.168.10.252
R1(config)#ip dhcp excluded-address 192.168.10.253
R1(config)#ip dhcp excluded-address 192.168.10.254
R1(config)#ip dhcp excluded-address 192.168.20.254
R1(config)#ip dhcp excluded-address 192.168.30.254
R1(config)#ip dhcp excluded-address 192.168.40.254
R1(config)#ip dhcp excluded-address 192.168.50.254
R1(config)#ip dhcp excluded-address 192.168.50.253
R1(config)#ip dhcp excluded-address 192.168.40.253
R1(config)#ip dhcp excluded-address 192.168.30.253
R1(config)#ip dhcp excluded-address 192.168.20.253
R1(config)#ip dhcp excluded-address 192.168.10.252
R1(config)#ip dhcp excluded-address 192.168.20.252
R1(config)#ip dhcp excluded-address 192.168.30.252
R1(config)#ip dhcp excluded-address 192.168.40.252
R1(config)#ip dhcp excluded-address 192.168.50.252
```

```
#在 Core1-Sw1 配置 DHCP 中继
Core1-Sw1(config)#interface vlan 10
Core1-Sw1(config-if)#ip helper-address 1.1.1.1
Core1-Sw1(config-if)#interface vlan 20
Core1-Sw1(config-if)#ip helper-address 1.1.1.1
Core1-Sw1(config-if)#interface vlan 30
Core1-Sw1(config-if)#ip helper-address 1.1.1.1
Core1-Sw1(config-if)#interface vlan 40
Core1-Sw1(config-if)#ip helper-address 1.1.1.1
Core1-Sw1(config-if)#interface vlan 50
Core1-Sw1(config-if)#ip helper-address 1.1.1.1
```

```
#在 Core2-Sw2 配置 DHCP 中继
Core2-Sw2(config)#interface vlan 10
Core2-Sw2(config-if)#ip helper-address 1.1.1.1
```

```
Core2-Sw2(config-if)#interface vlan 20
Core2-Sw2(config-if)#ip helper-address 1.1.1.1
Core2-Sw2(config-if)#interface vlan 30
Core2-Sw2(config-if)#ip helper-address 1.1.1.1
Core2-Sw2(config-if)#interface vlan 40
Core2-Sw2(config-if)#ip helper-address 1.1.1.1
Core2-Sw2(config-if)#interface vlan 50
Core2-Sw2(config-if)#ip helper-address 1.1.1.1
```

验证 DHCP,如下图 6.2 至 6.11 所示表明 PC0 获取到地址。

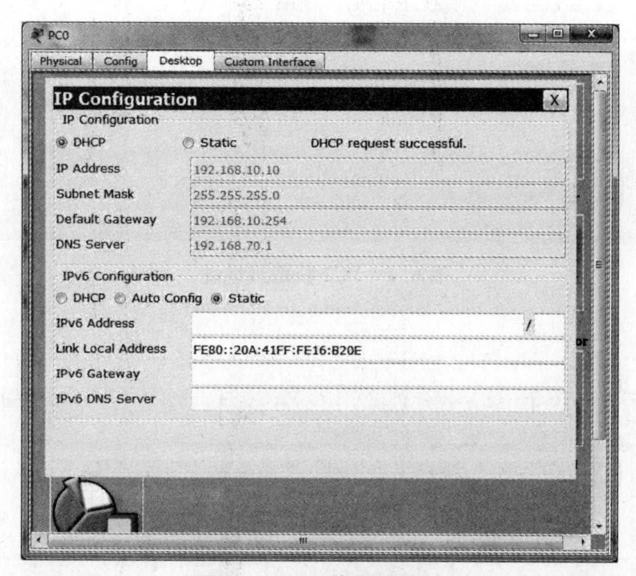

图 6.2　PC0 获取到地址

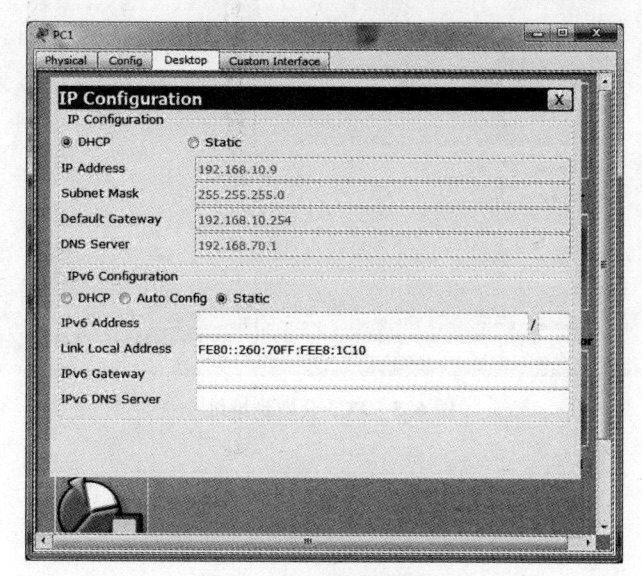

图 6.3　PC1 获取到地址

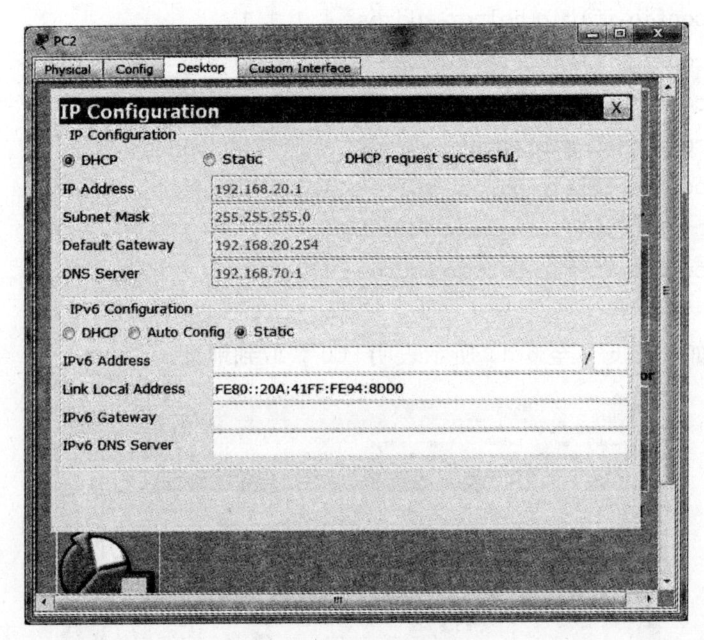

图 6.4　PC2 获取到地址

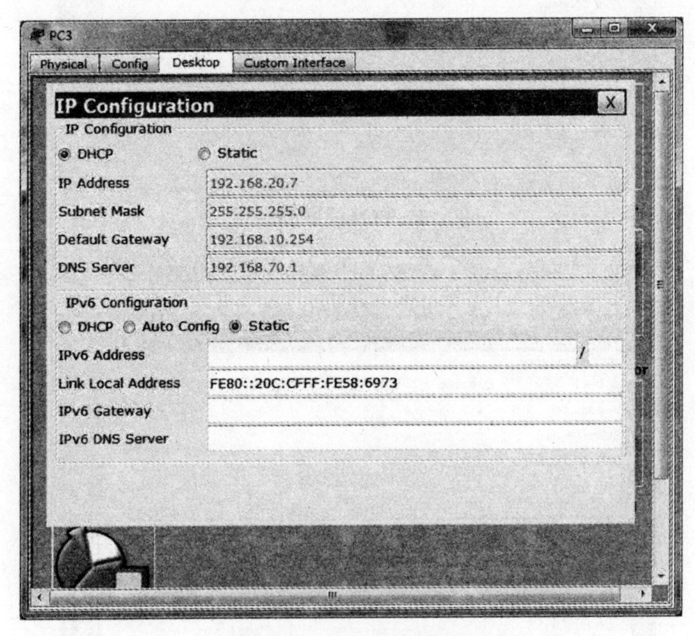

图 6.5　PC3 获取到地址

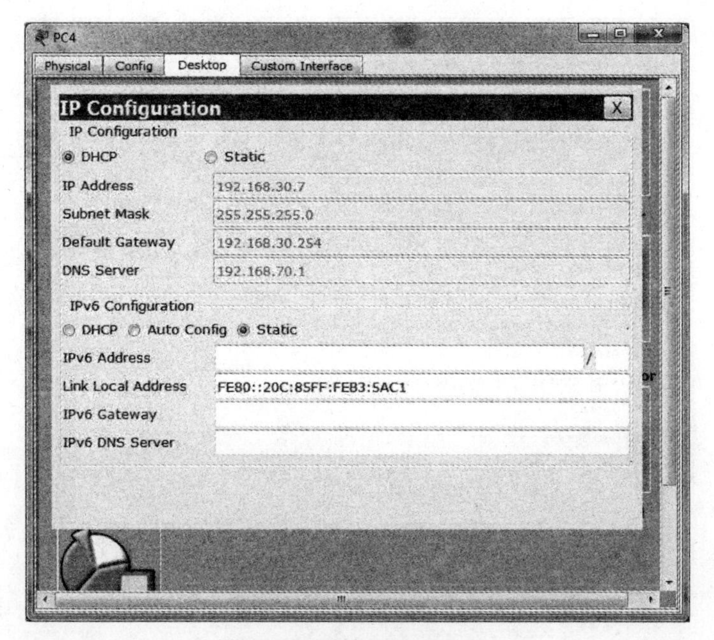

图 6.6　PC4 获取到地址

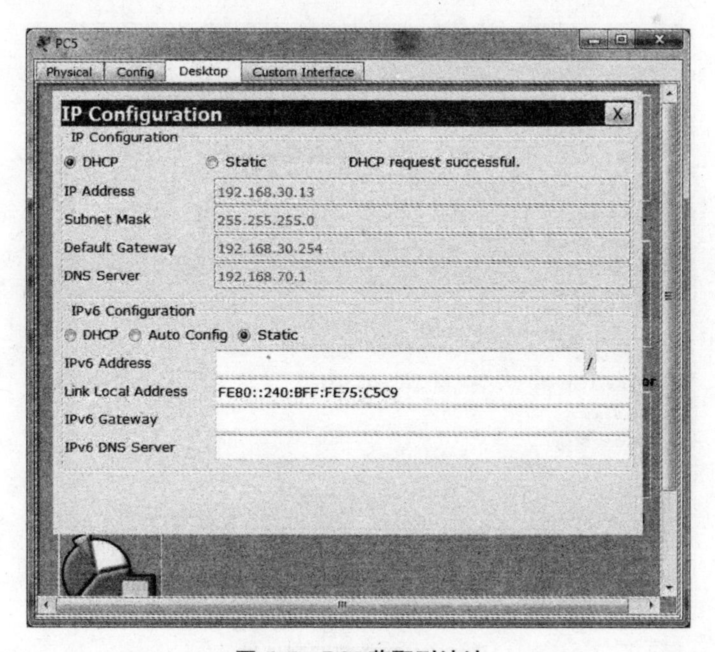

图 6.7　PC5 获取到地址

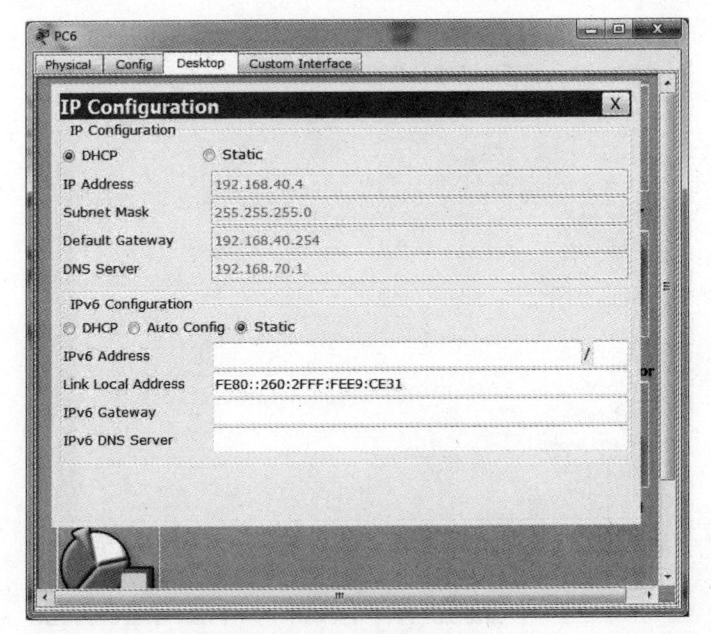

图 6.8　PC6 获取到地址

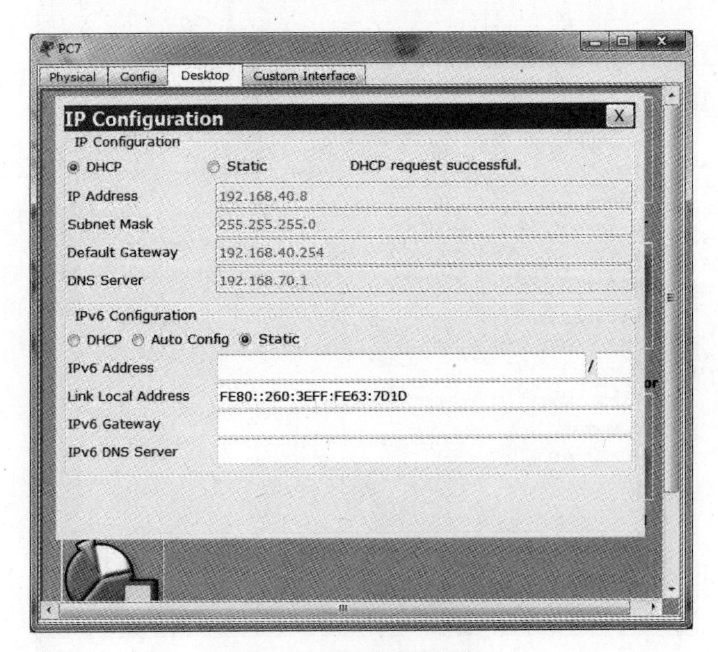

图 6.9　PC7 获取到地址

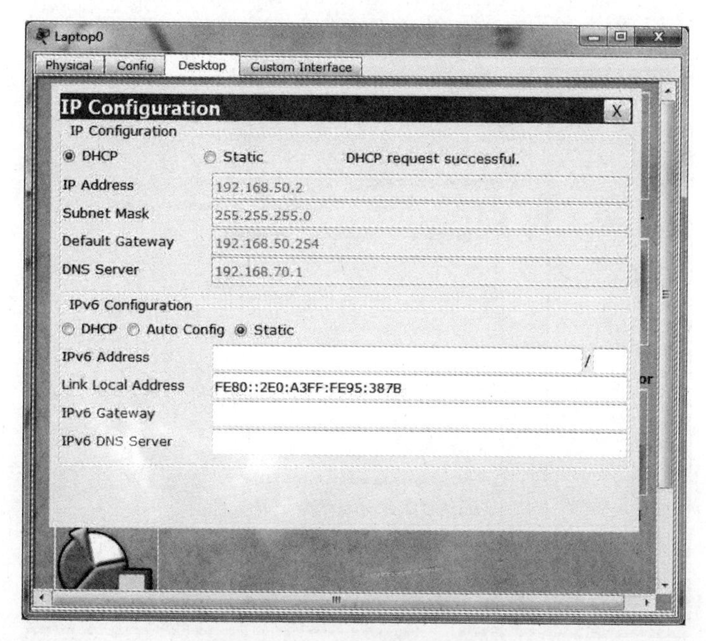

图 6.10　Laptop0 获取到地址

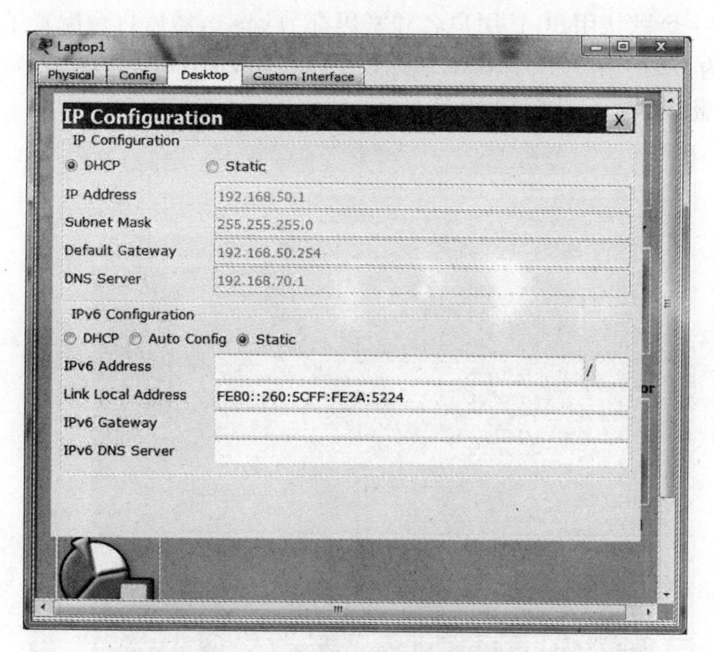

图 6.11　Laptop1 获取到地址

#搭建 FTP 服务器上配置 FTP 用户

在 FTP 服务器上配置 FTP 用户如下图 6.12 所示。

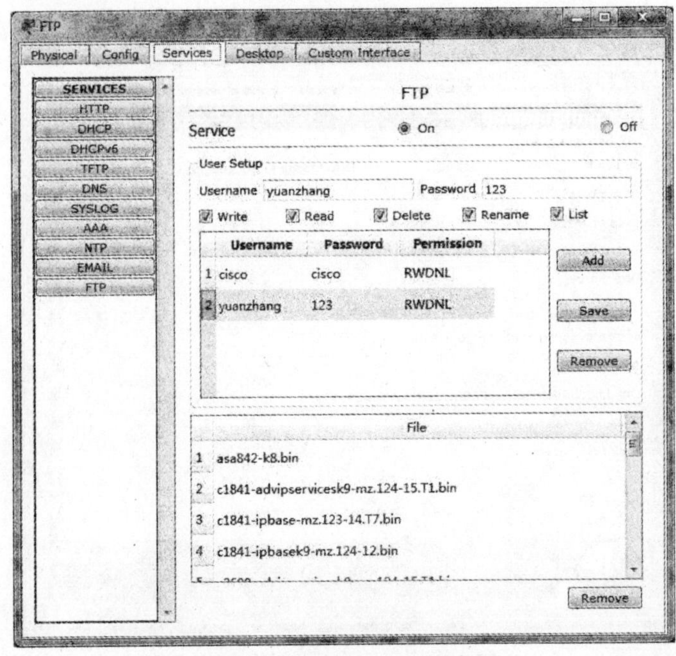

图 6.12 配置 FTP 服务器

在 FTP 上有一个默认用户，其用户名和密码都为 cisco，然后自行配置了一个用户名为 yuanzhang，密码为 123 的用户，另外 RWDNL 表明该用户具有 Read，Write，Delete，Rename，list 权限。

#验证 FTP 服务器如下图 6.13 所示。

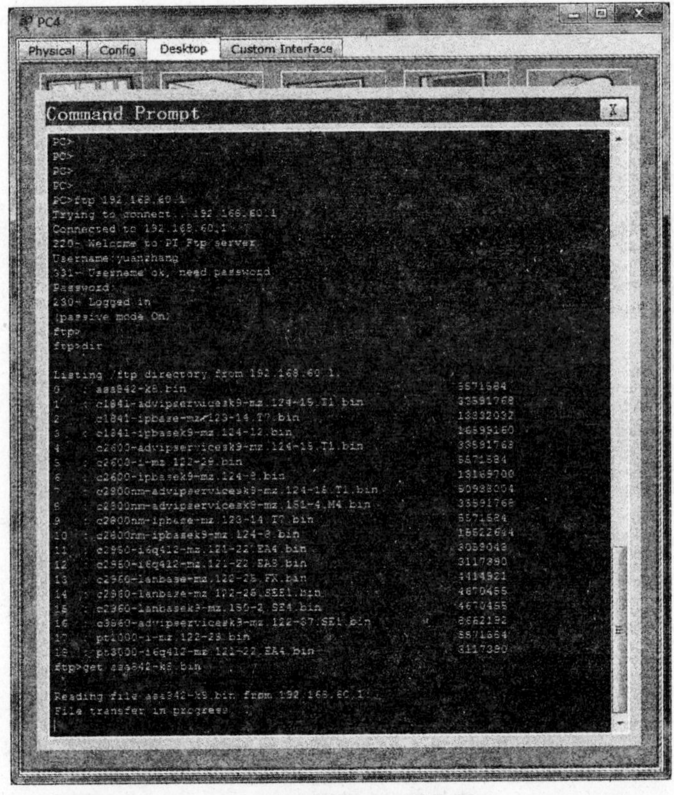

图 6.13 验证 FTP 服务器

在 PC 上输入命令 ftp 192.168.8.30 连接到服务器，并使用文件传输服务。在服务器上取出一个名称为 asa842-k8.bin 的文件，然后查看拓扑结构上的节点发生的变化。处于该链路上的节点会不停地闪烁。

配置 DNS 服务器和 HTTP 服务器如下图 6.14、6.15 和 6.16 所示。

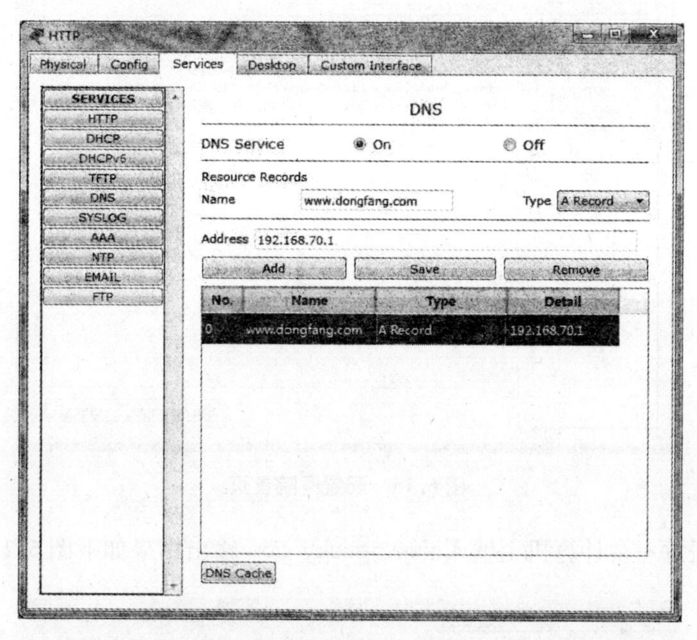

图 6.14　将 HTTP 服务器与域名 www.dongfang.com 关联

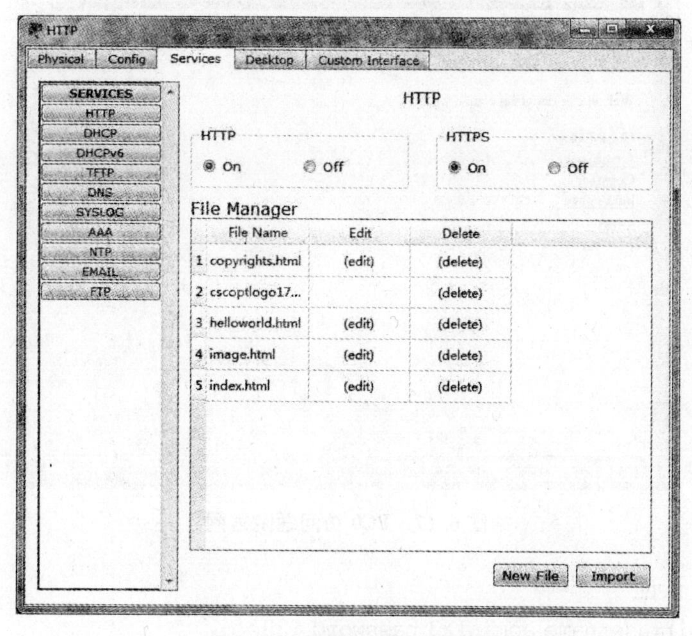

图 6.15　配置 HTTP 服务器

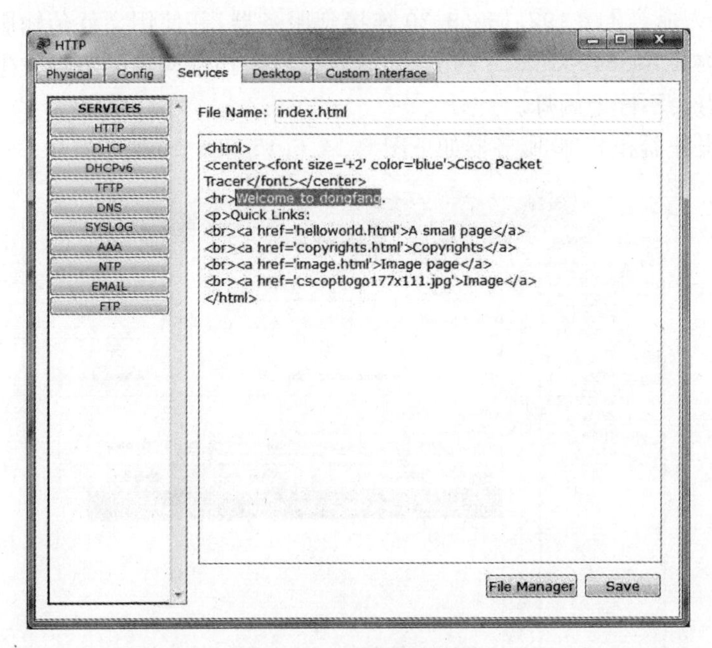

图 6.16　配置医院首页

接下来在任意一台计算机上输入 www.jeasky.com 输出结果如下图 6.17 所示。

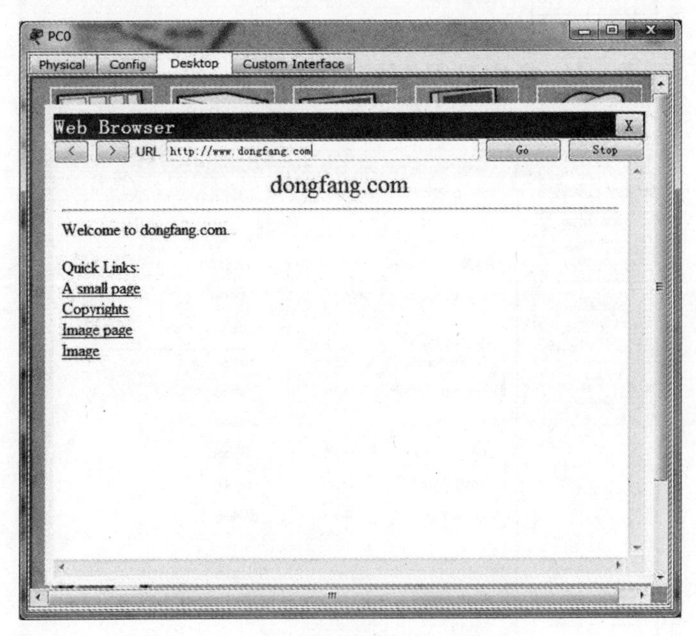

图 6.17　PC0 访问医院官网

#配置 CHAP 认证

```
ISP (config)#username admin123 password 123
ISP(config)#interface serial0/0
ISP(config-if)#encapsulation ppp
```

```
ISP(config-if)#ppp authentication chap

R1(config)#interface serial0/0
R1(config-if)#encapsulation ppp
R1(config-if)#ppp chap hostname admin123
R1(config-if)#ppp chap password admin123
```

#验证 CHAP 认证,如下,表明 CHAP 认证通过

```
R2#ping 100.1.1.1
Type escape sequence to abort.
Sending 5, 100-byte ICMP Echos to 101.1.1.2, timeout is 2 seconds:
!!!!!
Success rate is 100 percent (5/5), round-trip min/avg/max = 20/55/100 ms
```

#配置 NAT

使用端口 NAT 实现内部终端连接互联网

```
R1(config)#access-list 1 deny 192.168.80.0 0.0.0.255
R1(config)#access-list 1 deny 192.168.60.0 0.0.0.255
R1(config)#access-list 1 permit any
R1(config)#ip nat inside source list 1 interface serial1/0 overload
R1(config)#interface fastEthernet0/0
R1(config-if)#ip nat inside
R1(config-if)#interface fastEthernet0/1
R1(config-if)#ip nat inside
R1(config-if)#interface serial1/0
R1(config-if)#ip nat outside
```

#使用静态 nat 将 http 服务器映射到互联网

```
R1(config)#ip nat inside source static 192.168.70.1 100.1.1.3
```

#配置 R1 指向 ISP 的默认路由

```
R1(config)#ip route 0.0.0.0 0.0.0.0 100.1.1.1
```

#配置 R1OSPF 下发默认路由

```
R1(config)#router ospf 110
R1(config-router)#default-information originate
```

#在 Core1-Sw1 和 Core2-Sw2 验证成功下发默认路由,如下图 6.18 和 6.19 所示。

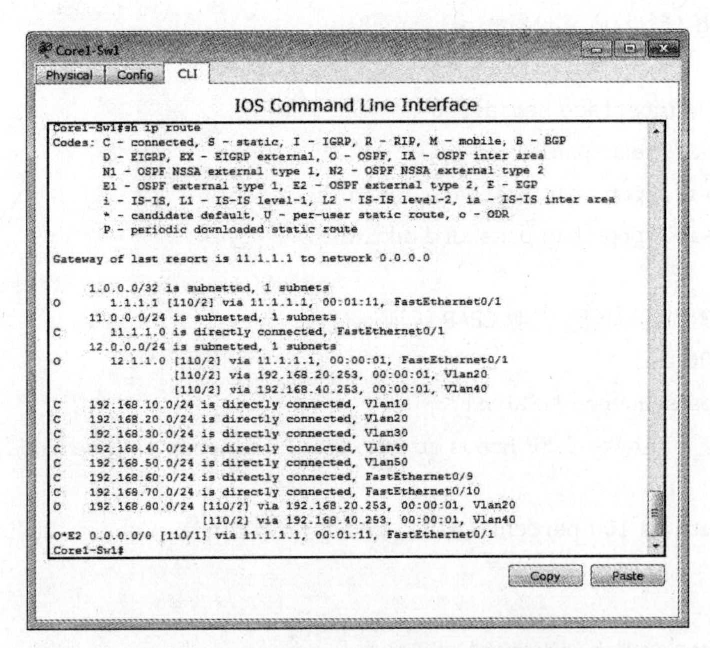

图 6.18 Core1-Sw1 验证成功下发默认路由

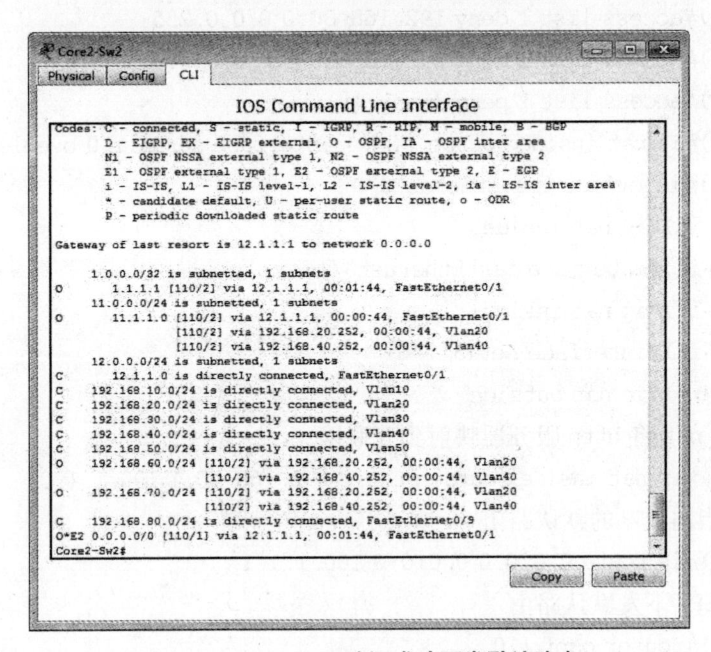

图 6.19 Core2-Sw2 验证成功下发默认路由

#验证 NAT

#使用 PC0 连接 ISP

PC>ping 100.1.1.1

Pinging 100.1.1.1 with 32 bytes of data:

Reply from 100.1.1.1: bytes = 32 time = 2ms TTL = 253

Reply from 100.1.1.1: bytes = 32 time = 2ms TTL = 253

```
Reply from 100.1.1.1: bytes = 32 time = 2ms TTL = 253
Reply from 100.1.1.1: bytes = 32 time = 0ms TTL = 253
Ping statistics for 100.1.1.1:
    Packets: Sent = 4, Received = 4, Lost = 0 (0% loss),
Approximate round trip times in milli-seconds:
    Minimum = 0ms, Maximum = 2ms, Average = 1ms

#使用PC1连接ISP
PC>ping 100.1.1.1
Pinging 100.1.1.1 with 32 bytes of data:
Reply from 100.1.1.1: bytes = 32 time = 2ms TTL = 253
Reply from 100.1.1.1: bytes = 32 time = 2ms TTL = 253
Reply from 100.1.1.1: bytes = 32 time = 2ms TTL = 253
Reply from 100.1.1.1: bytes = 32 time = 0ms TTL = 253
Ping statistics for 100.1.1.1:
    Packets: Sent = 4, Received = 4, Lost = 0 (0% loss),
Approximate round trip times in milli-seconds:
    Minimum = 0ms, Maximum = 2ms, Average = 1ms

#使用PC2连接ISP
PC>ping 100.1.1.1
Pinging 100.1.1.1 with 32 bytes of data:
Reply from 100.1.1.1: bytes = 32 time = 2ms TTL = 253
Reply from 100.1.1.1: bytes = 32 time = 2ms TTL = 253
Reply from 100.1.1.1: bytes = 32 time = 2ms TTL = 253
Reply from 100.1.1.1: bytes = 32 time = 0ms TTL = 253
Ping statistics for 100.1.1.1:
    Packets: Sent = 4, Received = 4, Lost = 0 (0% loss),
Approximate round trip times in milli-seconds:
Minimum = 0ms, Maximum = 2ms, Average = 1ms

#使用PC3连接ISP
PC>ping 100.1.1.1
Pinging 100.1.1.1 with 32 bytes of data:
Reply from 100.1.1.1: bytes = 32 time = 2ms TTL = 253
Reply from 100.1.1.1: bytes = 32 time = 2ms TTL = 253
Reply from 100.1.1.1: bytes = 32 time = 2ms TTL = 253
Reply from 100.1.1.1: bytes = 32 time = 0ms TTL = 253
Ping statistics for 100.1.1.1:
```

```
    Packets: Sent = 4, Received = 4, Lost = 0 (0% loss),
Approximate round trip times in milli-seconds:
Minimum = 0ms, Maximum = 2ms, Average = 1ms
```

#使用PC4连接ISP

```
PC>ping 100.1.1.1
Pinging 100.1.1.1 with 32 bytes of data:
Reply from 100.1.1.1: bytes = 32 time = 2ms TTL = 253
Reply from 100.1.1.1: bytes = 32 time = 2ms TTL = 253
Reply from 100.1.1.1: bytes = 32 time = 2ms TTL = 253
Reply from 100.1.1.1: bytes = 32 time = 0ms TTL = 253
Ping statistics for 100.1.1.1:
    Packets: Sent = 4, Received = 4, Lost = 0 (0% loss),
Approximate round trip times in milli-seconds:
Minimum = 0ms, Maximum = 2ms, Average = 1ms
```

#使用PC5连接ISP

```
PC>ping 100.1.1.1
Pinging 100.1.1.1 with 32 bytes of data:
Reply from 100.1.1.1: bytes = 32 time = 2ms TTL = 253
Reply from 100.1.1.1: bytes = 32 time = 2ms TTL = 253
Reply from 100.1.1.1: bytes = 32 time = 2ms TTL = 253
Reply from 100.1.1.1: bytes = 32 time = 0ms TTL = 253
Ping statistics for 100.1.1.1:
    Packets: Sent = 4, Received = 4, Lost = 0 (0% loss),
Approximate round trip times in milli-seconds:
Minimum = 0ms, Maximum = 2ms, Average = 1ms
```

#使用PC6连接ISP

```
PC>ping 100.1.1.1
Pinging 100.1.1.1 with 32 bytes of data:
Reply from 100.1.1.1: bytes = 32 time = 2ms TTL = 253
Reply from 100.1.1.1: bytes = 32 time = 2ms TTL = 253
Reply from 100.1.1.1: bytes = 32 time = 2ms TTL = 253
Reply from 100.1.1.1: bytes = 32 time = 0ms TTL = 253
Ping statistics for 100.1.1.1:
    Packets: Sent = 4, Received = 4, Lost = 0 (0% loss),
Approximate round trip times in milli-seconds:
Minimum = 0ms, Maximum = 2ms, Average = 1ms
```

```
#使用PC7连接ISP
PC>ping 100.1.1.1
Pinging 100.1.1.1 with 32 bytes of data:
Reply from 100.1.1.1: bytes=32 time=2ms TTL=253
Reply from 100.1.1.1: bytes=32 time=2ms TTL=253
Reply from 100.1.1.1: bytes=32 time=2ms TTL=253
Reply from 100.1.1.1: bytes=32 time=0ms TTL=253
Ping statistics for 100.1.1.1:
    Packets: Sent = 4, Received = 4, Lost = 0 (0% loss),
Approximate round trip times in milli-seconds:
    Minimum = 0ms, Maximum = 2ms, Average = 1ms
```

R2 上查看 NAT 转换表，如下，显示 NAT 正常转换。

```
R1#show ip nat translations
Pro Inside global Inside local Outside local Outside global
icmp 100.1.1.2:21 192.168.10.1:21 100.1.1.1:21 100.1.1.1:21
icmp 100.1.1.2:22 192.168.10.1:22 100.1.1.1:22 100.1.1.1:22
icmp 100.1.1.2:23 192.168.10.1:23 100.1.1.1:23 100.1.1.1:23
icmp 100.1.1.2:24 192.168.10.1:24 100.1.1.1:24 100.1.1.1:24
icmp 100.1.1.2:25 192.168.10.1:25 100.1.1.1:25 100.1.1.1:25
icmp 100.1.1.2:26 192.168.10.1:26 100.1.1.1:26 100.1.1.1:26
icmp 100.1.1.2:27 192.168.10.1:27 100.1.1.1:27 100.1.1.1:27
--- 100.1.1.3 192.168.70.1 --- ---
```

【微信扫码】
学习辅助资源

项 目 七

项目背景

某集团公司经过多年业务发展，在北京设立了总公司，在上海设立了分公司，为了实现快捷的信息交流和资源共享，需要构建统一网络，整合公司所有相关业务流量。总部采用双核心网络架构的接入模式，采用路由器接入城域网专用链路来传输业务数据流。总公司为了安全管理每个部门的用户，使用 VLAN 技术将每个部门的用户划分到不同的 VLAN 中。分公司采用路由器接入城域网专用网络使得与分公司通信，分部二的内网用户采用无线接入方式访问网络资源。为了保障总公司与分公司业务数据流传输的高可用性，使用 ACL 策略进行保证网络安全。通过使用 DMVPN 技术来实现总公司能够与各分公司进行通信，整体网络将采用 OSPF 动态路由协议。

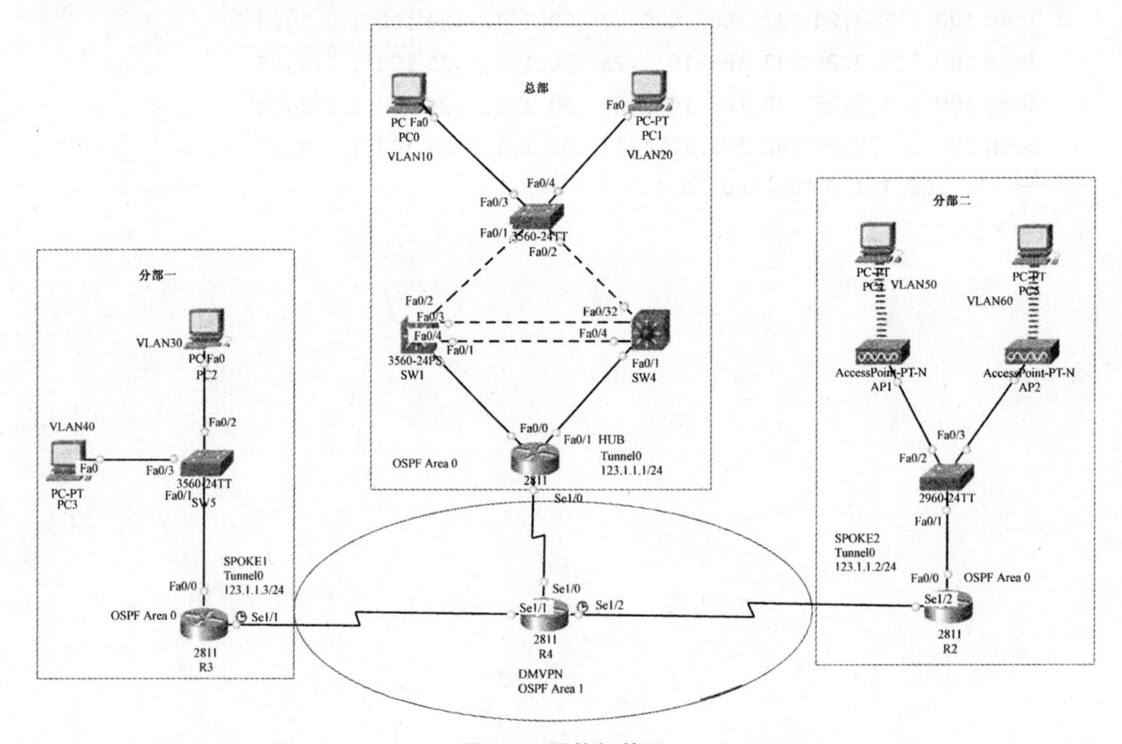

图 7.1　网络拓扑图

表 7.1 设备接口连接表

设备	端口	设备	端口	设备	端口	设备	端口
R1	F0/0	Sw1	F0/1	Sw1	F0/2	Sw3	F0/1
R1	F0/1	Sw2	F0/1	Sw1	F0/3,f0/4	Sw2	F0/3,F0/4
R1	S1/0	R4	S1/0	Sw2	F0/1	R1	F0/1
R2	F0/0	Sw4	F0/1	Sw2	F0/2	Sw3	F0/2
R2	S1/2	R4	S1/2	Sw2	F0/3,F0/4	Sw1	F0/3,F0/4
R3	F0/0	Sw5	F0/1	Sw3	F0/1	Sw1	F0/2
R3	S1/1	R4	S1/1	Sw3	F0/2	Sw2	F0/2
R4	S1/0	R1	S1/0	Sw4	F0/1	R2	F0/0
R4	S1/1	R3	S1/1	Sw4	F0/2	AP1	WAN
R4	S1/2	R2	S1/2	Sw4	F0/3	AP2	WAN
Sw1	F0/1	R1	F0/0	Sw5	F0/1	R3	F0/0

表 7.2 网络设备 IP 地址分配表

设备	接口	IP 地址	设备	接口	IP 地址
R1	F0/0	11.1.1.1/24	R4	S1/0	14.1.1.4/24
	F0/1	12.1.1.1/24		S1/1	34.1.1.4/24
	S1/0	14.1.1.1/24		S1/2	24.1.1.4/24
	Lo0	1.1.1.1/32		Lo0	4.4.4.4/32
R2	F0/0.50	192.168.5.254/24	Sw1	F0/1	11.1.1.2/24
	F0/0.60	192.168.6.254/24		SVI10	192.168.1.252/24
	S1/2	24.1.1.2/24		SVI20	192.168.2.252/24
	Lo0	2.2.2.2/32		Lo0	11.11.11.11/32
R3	F0/0.30	192.168.3.254/24	Sw2	F0/1	12.1.1.2/24
	F0/0.40	192.168.4.254/24		SVI10	192.168.1.253/24
	S1/1	34.1.1.3/25		SVI20	192.168.2.253/24
	Lo0	3.3.3.3/32		Lo0	22.22.22.22/32

注：

PC0 所在网段 192.168.1.0/24

PC1 所在网段 192.168.2.0/24

PC2 所在网段 192.168.3.0/24

PC3 所在网段 192.168.4.0/24

PC4 所在网段 192.168.5.0/24

PC5 所在网段 192.168.6.0/24

项目需求

一、总部网络配置需求

为了管理方便，便于识别设备，为所有设备更改名称，设备名称的命名规则与拓扑图图示名称相符。

依据 IP 地址图表信息，对总部网络中的所有设备接口配置 IP 地址。

在两台三层交换设备上开启 telnet 管理功能，同时要求每台网络设备只允许五条线路管理网络设备，管理设备使用 2018ADMIN123 作为用户名，口令为 admin123，enable 密码为 admin123。

在 R1 上启用 telnet 协议，vty 密码和 enable 密码为：admin123，最多同时有 5 个人通过 telnet 登录路由器。

总部的交换网络中，有 2 个 VLAN；财务部使用 VLAN10，名字为 CWB；生产部使用 VLAN20，名字为 SCB。

根据拓扑结构图划分 VLAN，并把相对应接口添加到 VLAN 中。

1. 在总部网络中使用端口汇聚技术，在 Sw1 与 Sw2 之间的 F0/3-4 链路启用端口汇聚，汇聚接口为动态方式，要求 Sw1 为主动端，负载分担方式基于源目 IP 地址负载均衡。

2. 在总部网络中配置生成树协议，要求启用 RSTP 协议，其中 Sw1 要求为总部所有 VLAN 的根设备，Sw2 为总部所有 VLAN 的备份根设备。

3. 在三层交换机开启路由功能，实现 VLAN 间互通。

4. 在三层交换机之间启动 HSRP 协议，为 VLAN10、VLAN20 实现网关备份，组地址分别为：192.168.1.254/24、192.168.2.254/24；Sw1 为所有 VLAN 的主设备 Sw2 为所有 VLAN 的备份设备，开启抢占功能。

5. 总部网络内部采用 OSPF 动态路由协议，实现路由快速收敛。

6. 所有总部内部启用 OSPF 协议的接口上都使用 MD5 认证，认证密钥为：admin123。

7. 在 Sw1 和 Sw2 配置安全策略，不允许总部网络的主机在工作时间进行 ftp 服务，其余时间不做限制。（工作时间：周一到周五 09：00~17：00）

二、分部一网络配置需求

为了管理方便，便于识别设备，为所有路由设备更改名称，设备名称的命名规则与拓扑图图示名称相符。

依据 IP 地址图表信息，对分部一网络中的所有设备接口配置 IP 地址。

在 R3 上启用 telnet 协议，vty 密码和 enable 密码为：admin123，最多同时有 5 个人通过 telnet 登录路由器。

分部一中拥有 2 个 VLAN，分别为 VLAN30、VLAN40，将拓扑图中相对应接口添加到对应 VLAN 中。

在分部一 R3 上配置单臂路由，实现内部 VLAN 间互通。

三、分部二网络配置需求

1. 为了管理方便，便于识别设备，为所有路由设备更改名称，设备名称的命名规则与拓扑图图示名称相符。

依据 IP 地址图表信息，对分部二网络中的所有设备接口配置 IP 地址。

在 R2 上启用 telnet 协议，vty 密码和 enable 密码为：admin123，最多同时有 5 个人通过 telnet 登录路由器。

分部二中拥有 2 个 VLAN，分别为 VLAN50、VLAN60，将拓扑图中相对应接口添加到对应 VLAN 中。

在分部二 R2 上配置单臂路由，实现内部 VLAN 间互通。

2. 为分部二中两台 AccessPoint 设备设置两个 SSID，SSID 分别为 MYNETAP1、MYNETAP2；SSID 设置为隐藏，工作信道为自动；并且网关设备提供 DHCP 服务，动态分配 IP 地址和网关，DNS 地址为 8.8.8.8。

3. 为了保证无线区域的接入安全，使用 WPA2-PSK 加密算法提供认证加密，SSID 为 MYNETAP1 的密码设为 mynet001，SSID 为 MYNETAP2 的密码设为 mynet002。

四、核心网络 DMVPN 配置需求

1. 总部与分部网络通信使用 DMVPN 完成，使用 TUNNEL0 完成需求。
2. R1 为 HUB 路由器，R2 和 R2 为 SPOKE 路由器。
3. 配置 NHRP 协议，使用 NHRP ID 为 100。
4. 确保分部一到分部二的流量不经过总部 HUB。
5. 使用 IPSEC 保护端到端的流量。
6. 确保所有 SPOKE 端通过 Tunnel 和 R1 建立 OSPF 邻居，不要尝试选举 DR。

项目实施

一、总部网络需求配置

#配置 Sw1 设备命名
```
Switch(config)#hostname Sw1
```

#配置 Sw2 设备命名
```
Switch(config)#hostname Sw2
```

#配置 Sw3 设备命名
```
Switch(config)#hostname Sw3
```

#配置 R1 设备命名

```
Router(config)#hostname R1

#配置 R1 接口 IP 地址
R1(config)#interface f0/0
R1(config-if)#no shutdown
R1(config-if)#ip address 11.1.1.1 255.255.255.0
R1(config)#interface f0/1
R1(config-if)#no shutdown
R1(config-if)#ip address 12.1.1.1 255.255.255.0
R1(config)#interface s1/0
R1(config-if)#no shutdown
R1(config-if)#clock rate 64000
R1(config-if)#ip address 14.1.1.1 255.255.255.0
R1(config)#interface loopback 0
R1(config-if)#ip address 1.1.1.1 255.255.255.255

#配置 Sw1 接口 IP 地址
Sw1(config)#interface f0/1
Sw1(config-if)#no shutdown
Sw1(config-if)#no switchport
Sw1(config-if)#ip address 11.1.1.2 255.255.255.0
Sw1(config)#interface lo0
Sw1(config-if)#no shutdown
Sw1(config-if)#ip address 11.11.11.11 255.255.255.255

#配置 Sw2 接口 IP 地址
Sw2(config)#interface f0/1
Sw2(config-if)#no shutdown
Sw2(config-if)#no switchport
Sw2(config-if)#ip address 12.1.1.2 255.255.255.0
Sw2(config)#interface lo0
Sw2(config-if)#no shutdown
Sw2(config-if)#ip address 22.22.22.22 255.255.255.255

#配置 Sw1 Telnet 功能
Sw1(config)#username 2018ADMIN123 password admin123
Sw1(config)#line vty 0 4
Sw1(config-line)#login local
Sw1(config-line)#transport input telnet
```

```
Sw1(config-line)#exit
Sw1(config)#enable password admin123
```

#配置 Sw2 Telnet 功能

```
Sw2(config)#username 2018ADMIN123 password admin123
Sw2(config)#line vty 0 4
Sw2(config-line)#login local
Sw2(config-line)#transport input telnet
Sw2(config-line)#exit
Sw2(config)#enable password admin123
```

#配置 R1 Telnet 功能

```
R1(config)#line vty 0 4
R1(config-line)#login
R1(config-line)#transport input telnet
R1(config-line)#password admin123
R1(config)#enable password admin123
```

#配置 Sw1 VLAN、TRUNK 信息及对应接口添加进 VLAN

```
Sw1(config)#vlan 10
Sw1(config-vlan)#name CWB
Sw1(config)#vlan 20
Sw1(config-vlan)#name SCB
Sw1(config)#interface range f0/2-4
Sw1(config-if-range)#switchport trunk encapsulation dot1q
Sw1(config-if-range)#switchport mode trunk
```

#配置 Sw2 VLAN、TRUNK 信息及对应接口添加进 VLAN

```
Sw2(config)#vlan 10
Sw2(config-vlan)#name CWB
Sw2(config)#vlan 20
Sw2(config-vlan)#name SCB
Sw2(config)#interface range f0/2-4
Sw2(config-if-range)#switchport trunk encapsulation dot1q
Sw2(config-if-range)#switchport mode trunk
```

#配置 Sw3 VLAN、TRUNK 信息及对应接口添加进 VLAN

```
Sw3(config)#vlan 10
Sw3(config-vlan)#name CWB
```

```
Sw3(config)#vlan 20
Sw3(config-vlan)#name SCB
Sw3(config)#interface f0/3
Sw3(config-if)#switchport mode access
Sw3(config-if)#switchport access vlan 10
Sw3(config)#interface f0/4
Sw3(config-if)#switchport mode access
Sw3(config-if)#switchport access vlan 20
Sw3(config)#interface range f0/1-2
Sw3(config-if-range)#switchport trunk encapsulation dot1q
Sw3(config-if-range)#switchport mode trunk

#配置 Sw1 端口汇聚与负载均衡
Sw1(config)#interface range f0/3-4
Sw1(config-if-range)#channel-group 1 mode active
Sw1(config)#port-channel load-balance src-dst-ip

#配置 Sw2 端口汇聚与负载均衡
Sw2(config)#interface range f0/3-4
Sw2(config-if-range)#channel-group 1 mode passive
Sw2(config)#port-channel load-balance src-dst-ip

#查看当前 Sw1 与 Sw2 链路捆绑状态,以下显示捆绑成功
Sw1#show etherchannel summary
Number of channel-groups in use: 1
Number of aggregators: 1
Group Port-channel Protocol Ports
------+--------+-----------+----------------------------------------------
1     Po1(SU)   LACP   Fa0/3(P) Fa0/4(P)

#配置 Sw1 生成树信息
Sw1(config)#spanning-tree mode rapid-pvst
Sw1(config)#spanning-tree vlan 1-1005 priority 0

#配置 Sw2 生成树信息
Sw2(config)#spanning-tree mode rapid-pvst
Sw2(config)#spanning-tree vlan 1-1005 priority 4096

#配置 Sw3 生成树信息
```

```
Sw3(config)#spanning-tree mode rapid-pvst
```

#查看当前快速生成树状态,以下显示 Sw1 为所有 VLAN 的根桥

```
Sw1#show spanning-tree
VLAN0001
Spanning tree enabled protocol rstp
Root ID   Priority   1
Address   00E0.B039.187C
This bridge is the root
Hello Time 2 sec Max Age 20 sec Forward Delay 15 sec
Bridge ID Priority   1 (priority 0 sys-id-ext 1)
Address   00E0.B039.187C
Hello Time 2 sec Max Age 20 sec Forward Delay 15 sec
Aging Time 20
Interface   Role Sts Cost Prio.Nbr   Type
------------------------------------------------------------------------
Fa0/2        Desg FWD  19 128.2        P2p
Po1          Desg FWD  9   128.27      Shr

VLAN0010
Spanning tree enabled protocol rstp
Root ID   Priority   10
Address              00E0.B039.187C
This bridge is the root
Hello Time 2 sec Max Age 20 sec Forward Delay 15 sec
Bridge ID Priority   10 (priority 0 sys-id-ext 10)
Address              00E0.B039.187C
Hello Time 2 sec Max Age 20 sec Forward Delay 15 sec
Aging Time 20
Interface   Role Sts Cost Prio.Nbr Type
------------------------------------------------------------------------
Fa0/2        Desg FWD    19   128.2   P2p
Po1          Desg FWD    9    128.27  Shr

VLAN0020
Spanning tree enabled protocol rstp
Root ID   Priority   20
Address   00E0.B039.187C
This bridge is the root
```

```
Hello Time 2 sec Max Age 20 sec Forward Delay 15 sec
Bridge ID Priority   20 (priority 0 sys-id-ext 20)
Address   00E0.B039.187C
Hello Time 2 sec Max Age 20 sec Forward Delay 15 sec
Aging Time 20
Interface   Role Sts Cost Prio.Nbr Type
----------------------------------------------------------------
Fa0/2       Desg FWD    19   128.2   P2p
Po1         Desg FWD    9    128.27  Shr
```

#配置 Sw1 SVI 接口及 HSRP 协议

```
Sw1(config)#interface vlan 10
Sw1(config-if)#no shutdown
Sw1(config-if)#ip address 192.168.1.252 255.255.255.0
Sw1(config-if)#standby 10 ip 192.168.1.254
Sw1(config-if)#standby 10 priority 110
Sw1(config-if)#standby 10 preempt
Sw1(config)#interface vlan 20
Sw1(config-if)#no shutdown
Sw1(config-if)#ip address 192.168.2.252 255.255.255.0
Sw1(config-if)#standby 20 ip 192.168.2.254
Sw1(config-if)#standby 20 priority 110
Sw1(config-if)#standby 20 preempt
```

#配置 Sw2 SVI 接口及 HSRP 协议

```
Sw2(config)#interface vlan 10
Sw2(config-if)#no shutdown
Sw2(config-if)#ip address 192.168.1.253 255.255.255.0
Sw2(config-if)#standby 10 ip 192.168.1.254
Sw2(config-if)#standby 10 preempt
Sw2(config)#interface vlan 20
Sw2(config-if)#no shutdown
Sw2(config-if)#ip address 192.168.2.253 255.255.255.0
Sw2(config-if)#standby 20 ip 192.168.2.254
Sw2(config-if)#standby 20 preempt
```

#查看当前 HSRP 状态，以下显示 HSRP 状态主备正常

```
Sw1#show standby brief
P indicates configured to preempt.
```

```
Interface  Grp  Pri  P  State  Active  Standby         Virtual IP
Vl10       10   110  P  Active local   192.168.1.253   192.168.1.254
Vl20       20   110  P  Active local   192.168.2.253   192.168.2.254
```

#配置 OSPF 协议

```
R1(config)#router ospf 100
R1(config-router)#router-id 1.1.1.1
R1(config-router)#network 11.1.1.1 0.0.0.0 area 0
R1(config-router)#network 12.1.1.1 0.0.0.0 area 0
R1(config-router)#network 1.1.1.1 0.0.0.0 area 1

Sw1(config)#router ospf 100
Sw1(config-router)#router-id 11.11.11.11
Sw1(config-router)#network 11.1.1.2 0.0.0.0 area 0
Sw1(config-router)#network 192.168.1.252 0.0.0.0 area 0
Sw1(config-router)#network 192.168.2.252 0.0.0.0 area 0
Sw1(config-router)#network 11.11.11.11 0.0.0.0 area 0

Sw2(config)#router ospf 100
Sw2(config-router)#router-id 22.22.22.22
Sw2(config-router)#network 12.1.1.2 0.0.0.0 area 0
Sw2(config-router)#network 192.168.1.253 0.0.0.0 area 0
Sw2(config-router)#network 192.168.2.253 0.0.0.0 area 0
Sw2(config-router)#network 22.22.22.22 0.0.0.0 area 0
```

#配置 OSPF 接口 MD5 认证

```
Sw1(config)#interface f0/1
Sw1(config-if)#ip ospf authentication message-digest
Sw1(config-if)#ip ospf message-digest-key 1 md5 admin123

Sw2(config)#interface f0/1
Sw2(config-if)#ip ospf authentication message-digest
Sw2(config-if)#ip ospf message-digest-key 1 md5 admin123

R1(config)#interface f0/0
R1(config-if)#ip ospf authentication message-digest
R1(config-if)#ip ospf message-digest-key 1 md5 admin123
R1(config)#interface f0/1
R1(config-if)#ip ospf authentication message-digest
```

```
R1(config-if)#ip ospf message-digest-key 1 md5 admin123
```

#查看当前 OSPF 邻居关系，以下显示邻居关系正常

```
R1#show ip ospf neighbor
Neighbor ID     Pri   State        Dead Time   Address      Interface
11.11.11.11     1     FULL/DR      00:00:31    11.1.1.2     FastEthernet0/0
22.22.22.22     1     FULL/DR      00:00:31    12.1.1.2     FastEthernet0/1
```

#配置 Sw1 和 Sw2 安全策略时间 ACL

```
Sw1(config)#time-range ftp
Sw1(config-time-range)#periodic weekdays 09:00 to 17:00
Sw1(config)#access-list 101 deny tcp any any eq ftp time-range ftp
Sw1(config)#access-list 101 permit ip any any
Sw1(config)#interface vlan 10
Sw1(config-if)#ip access-group 101 in
Sw1(config)#interface vlan 20
Sw1(config-if)#ip access-group 101 in

Sw2(config)#time-range ftp
Sw2(config-time-range)#periodic weekdays 09:00 to 17:00
Sw2(config)#access-list 101 deny tcp any any eq ftp time-range ftp
Sw2(config)#access-list 101 permit ip any any
Sw2(config)#interface vlan 10
Sw2(config-if)#ip access-group 101 in
Sw2(config)#interface vlan 20
Sw2(config-if)#ip access-group 101 in
```

二、分部一网络需求配置

#配置 Sw5 设备命名

```
Switch(config)#hostname Sw5
```

#配置 R3 设备命名

```
Router(config)#hostname R3
```

#配置 R3 Telnet 功能

```
R3(config)#line vty 0 4
R3(config-line)#login
R3(config-line)#transport input telnet
R3(config-line)#password admin123
```

```
R3(config)#enable password admin123
```

#配置 Sw5 VLAN、TRUNK 信息及对应接口添加进 VLAN

```
Sw5(config)#vlan 30
Sw5(config)#vlan 40
Sw5(config)#interface f0/2
Sw5(config-if)#switchport mode access
Sw5(config-if)#switchport access vlan 30
Sw5(config)#interface f0/3
Sw5(config-if)#switchport mode access
Sw5(config-if)#switchport access vlan 40
Sw5(config)#interface range f0/1
Sw5(config-if)#switchport trunk encapsulation dot1q
Sw5(config-if)#switchport mode trunk
```

#配置 R3 单臂路由子接口 IP 地址

```
R3(config)#interface f0/0
R3(config-if)#no shutdown
R3(config)#interface f0/0.30
R3(config-suif)#encapsulation dot1q 30
R3(config-suif)#ip address 192.168.3.254 255.255.255.0
R3(config)#interface f0/0.40
R3(config-suif)#encapsulation dot1q 40
R3(config-suif)#ip address 192.168.4.254 255.255.255.0
R3(config)#interface s1/1
R3(config-if)#no shutdown
R3(config-if)#clock rate 64000
R3(config-if)#ip address 34.1.1.3 255.255.255.0
R3(config)#interface loopback 0
R3(config-if)#ip address 3.3.3.3 255.255.255.255
```

三、分部二网络需求配置

#配置 Sw4 设备命名

```
Switch(config)#hostname Sw4
```

#配置 R2 设备命名

```
Router(config)#hostname R2
```

#配置 R2 Telnet 功能

```
R2(config)#line vty 0 4
R2(config-line)#login
R2(config-line)#transport input telnet
R2(config-line)#password admin123
R2(config)#enable password admin123
```

#配置 Sw4 VLAN、TRUNK 信息及对应接口添加进 VLAN

```
Sw4(config)#vlan 50
Sw4(config)#vlan 60
Sw4(config)#interface f0/2
Sw4(config-if)#switchport mode access
Sw4(config-if)#switchport access vlan 50
Sw4(config)#interface f0/3
Sw4(config-if)#switchport mode access
Sw4(config-if)#switchport access vlan 60
Sw4(config)#interface range f0/1
Sw4(config-if)#switchport trunk encapsulation dot1q
Sw4(config-if)#switchport mode trunk
```

#配置 R2 单臂路由子接口 IP 地址

```
R2(config)#interface f0/0
R2(config-if)#no shutdown
R2(config)#interface f0/0.50
R2(config-suif)#encapsulation dot1q 50
R2(config-suif)#ip address 192.168.5.254 255.255.255.0
R2(config)#interface f0/0.60
R2(config-suif)#encapsulation dot1q 60
R2(config-suif)#ip address 192.168.6.254 255.255.255.0
R2(config)#interface s1/2
R2(config-if)#no shutdown
R2(config-if)#clock rate 64000
R2(config-if)#ip address 24.1.1.2 255.255.255.0
R2(config)#interface loopback 0
R2(config-if)#ip address 2.2.2.2 255.255.255.255
```

#配置分部二无线 AP1 上 SSID 和认证，如下图 7.2 所示。

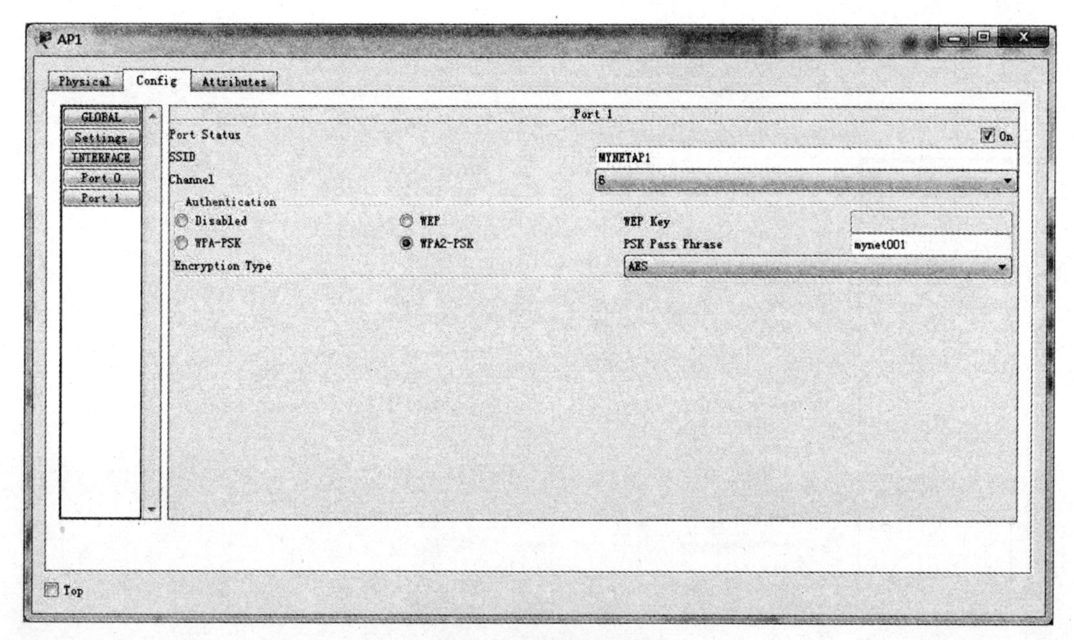

图 7.2 配置无线 AP1

#配置分部二 AP2 上 SSID 和认证，如下图 7.3 所示。

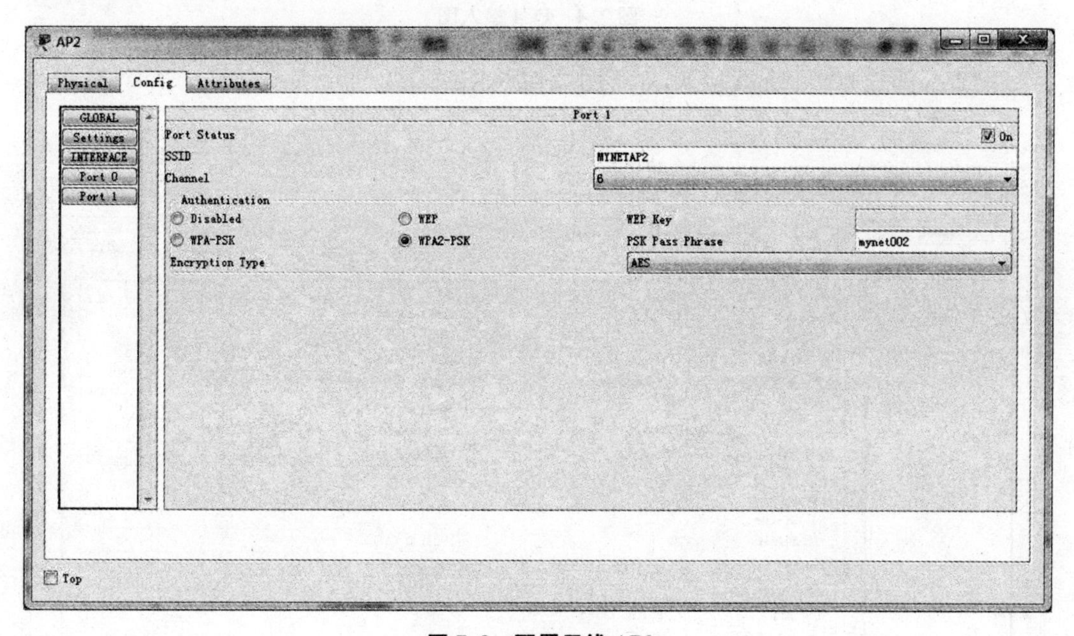

图 7.3 配置无线 AP2

#配置分部二 PC4 上无线接入，如下图 7.4 所示。

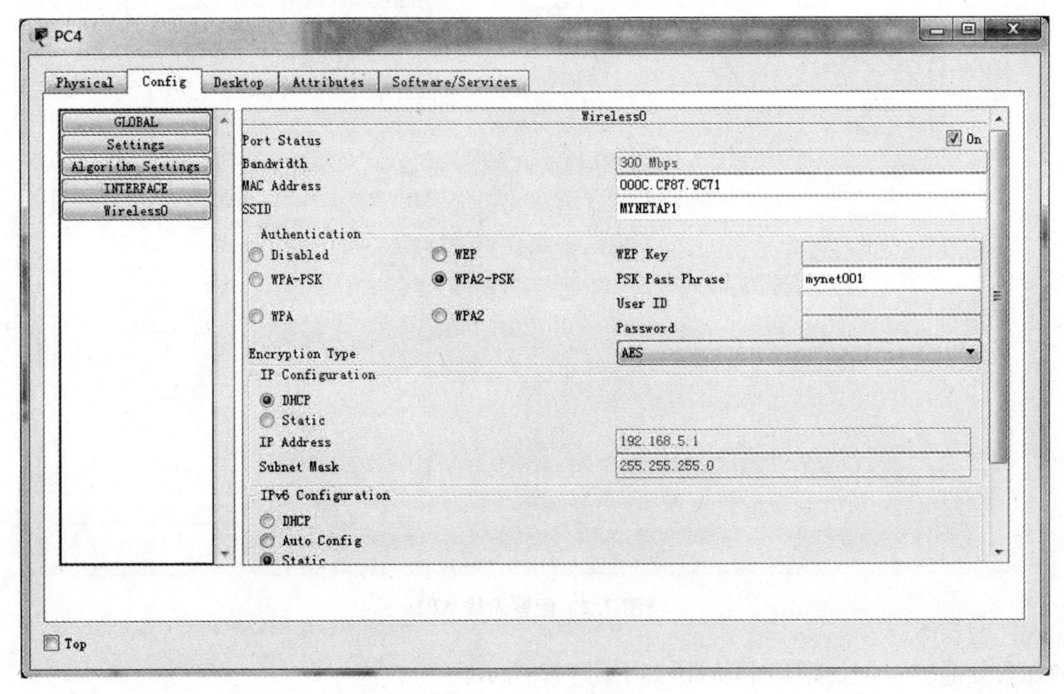

图 7.4　PC4 接入图

#配置分部二 PC5 上无线接入，如下图 7.5 所示。

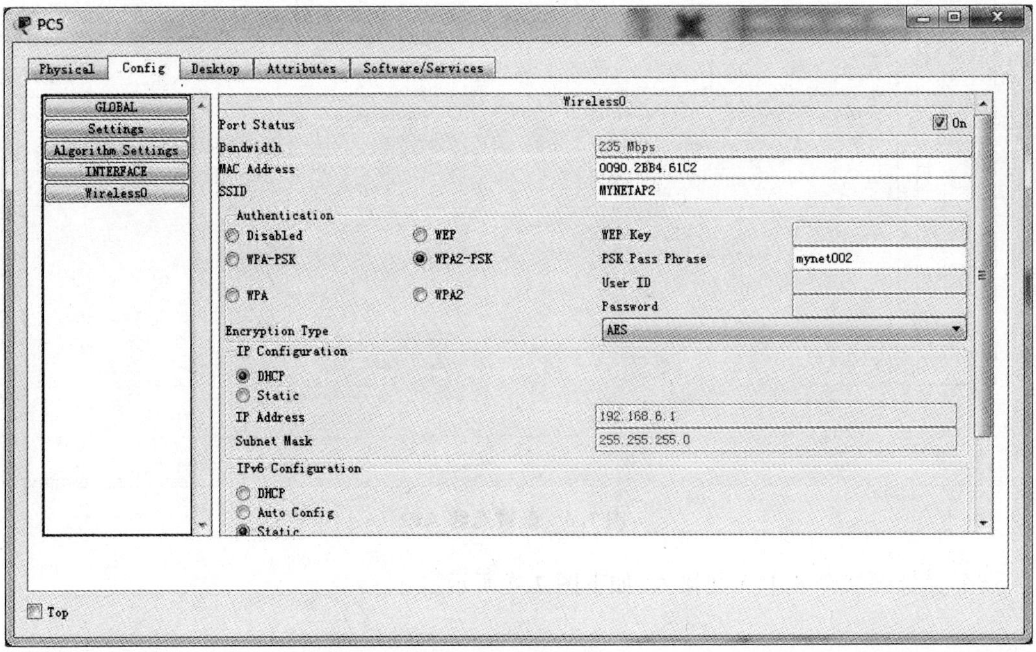

图 7.5　PC 接入图

#配置分部二无线网关设备上 DHCP 服务

```
R2(config)#ip dhcp pool vlan50
R2(dhcp-config)#network 192.168.5.0 255.255.255.0
R2(dhcp-config)#default-router 192.168.5.254
R2(dhcp-config)#dns-server 8.8.8.8
R2(config)#ip dhcp pool vlan60
R2(dhcp-config)#network 192.168.6.0 255.255.255.0
R2(dhcp-config)#default-router 192.168.6.254
R2(dhcp-config)#dns-server 8.8.8.8
```

四、配置核心网络 DMVPN 需求

#配置 R4 接口 IP 地址

```
R4(config)#interface s1/0
R4(config-if)#no shutdown
R4(config-if)#clock rate 64000
R4(config-if)#ip address 14.1.1.4 255.255.255.0
R4(config)#interface s1/1
R4(config-if)#no shutdown
R4(config-if)#clock rate 64000
R4(config-if)#ip address 34.1.1.4 255.255.255.0
R4(config)#interface s1/2
R4(config-if)#no shutdown
R4(config-if)#clock rate 64000
R4(config-if)#ip address 24.1.1.4 255.255.255.0
R4(config)#interface loopback 0
R4(config-if)#ip address 4.4.4.4 255.255.255.255
```

#配置 R1、R2、R3 的 DMVPN 底层默认路由

```
R1(config)#ip route 0.0.0.0 0.0.0.0 14.1.1.4
R2(config)#ip route 0.0.0.0 0.0.0.0 24.1.1.4
R3(config)#ip route 0.0.0.0 0.0.0.0 34.1.1.4
```

#配置 R1 TUNNEL 口

```
R1(config)#interface tunnel 0
R1(config-if)#no shutdown
R1(config-if)#ip address 123.1.1.1 255.255.255.0
R1(config-if)#tunnel source s1/0
R1(config-if)#tunnel mode gre multipoing
R1(config-if)#ip nhrp network-id 100
```

```
R1(config-if)#ip nhrp authentication admin123
R1(config-if)#ip nhrp map multicast dynamic
R1(config-if)#ip nhrp redirect
```

#配置 R2 TUNNEL 口

```
R2(config)#interface tunnel 0
R2(config-if)#no shutdown
R2(config-if)#ip address 123.1.1.2 255.255.255.0
R2(config-if)#tunnel source s1/2
R2(config-if)#tunnel mode gre multipoing
R2(config-if)#ip nhrp network-id 100
R2(config-if)#ip nhrp authentication admin123
R2(config-if)#ip nhrp map multicast 14.1.1.1
R2(config-if)#ip nhrp map 123.1.1.1 14.1.1.1
R2(config-if)#ip nhrp nhs 123.1.1.1
R2(config-if)#ip nhrp shortcut
```

#配置 R3 TUNNEL 口

```
R3(config)#interface tunnel 0
R3(config-if)#no shutdown
R3(config-if)#ip address 123.1.1.3 255.255.255.0
R3(config-if)#tunnel source s1/1
R3(config-if)#tunnel mode gre multipoing
R3(config-if)#ip nhrp network-id 100
R3(config-if)#ip nhrp authentication admin123
R3(config-if)#ip nhrp map multicast 14.1.1.1
R3(config-if)#ip nhrp map 123.1.1.1 14.1.1.1
R3(config-if)#ip nhrp nhs 123.1.1.1
R3(config-if)#ip nhrp shortcut
```

#配置 R1 DMVPN 加密认证

```
R1(config)#crypto isakmp policy 10
R1(config-isakmp)#encryption aes
R1(config-isakmp)#authentication pre-share
R1(config-isakmp)#group 2
R1(config)#crypto isakmp key 0 admin123 address 0.0.0.0 0.0.0.0
R1(config)#crypto ipsec transform-set cisco esp-aes
R1(cfg-crypto-trans)#mode transport
R1(config)#crypto profile ciscopro
```

```
R1(ipsec-profile)#set transform-set cisco
R1(config)#interface tunnel0
R1(config-if)#tunnel protection ipsec profile ciscopro
```

#配置 R2 DMVPN 加密认证

```
R2(config)#crypto isakmp policy 10
R2(config-isakmp)#encryption aes
R2(config-isakmp)#authentication pre-share
R2(config-isakmp)#group 2
R2(config)#crypto isakmp key 0 admin123 address 0.0.0.0 0.0.0.0
R2(config)#crypto ipsec transform-set cisco esp-aes
R2(cfg-crypto-trans)#mode transport
R2(config)#crypto profile ciscopro
R2(ipsec-profile)#set transform-set cisco
R2(config)#interface tunnel0
R2(config-if)#tunnel protection ipsec profile ciscopro
```

#配置 R3 DMVPN 加密认证

```
R3(config)#crypto isakmp policy 10
R3(config-isakmp)#encryption aes
R3(config-isakmp)#authentication pre-share
R3(config-isakmp)#group 2
R3(config)#crypto isakmp key 0 admin123 address 0.0.0.0 0.0.0.0
R3(config)#crypto ipsec transform-set cisco esp-aes
R3(cfg-crypto-trans)#mode transport
R3(config)#crypto profile ciscopro
R3(ipsec-profile)#set transform-set cisco
R3(config)#interface tunnel0
R3(config-if)#tunnel protection ipsec profile ciscopro
```

#查看 Crypto session 进程状态,以下显示对端均已成功建立

```
R1#show crypto session
Crypto session current status
Interface: Tunnel0
Session status: UP-ACTIVE
Peer: 24.1.1.2 port 500
  IKE SA: local 14.1.1.1/500 remote 24.1.1.2/500 Active
  IPSEC FLOW: permit 47 host 14.1.1.1 host 24.1.1.2
        Active SAs: 2, origin: crypto map
```

```
Interface: Tunnel0
Session status: UP-ACTIVE
Peer: 34.1.1.3 port 500
  IKE SA: local 14.1.1.1/500 remote 34.1.1.3/500 Active
  IPSEC FLOW: permit 47 host 14.1.1.1 host 34.1.1.3
        Active SAs: 2, origin: crypto map
```

#配置 R1 基于 Tunnel 口的 OSPF 协议

```
R1(config)#router ospf 100
R1(config-router)#route-id 1.1.1.1
R1(config-router)#network 123.1.1.1 0.0.0.0 area 0
R1(config)#interface tunnel 0
R1(config-if)#ip ospf network point-to-multipoint
```

#配置 R2 基于 Tunnel 口的 OSPF 协议

```
R2(config)#router ospf 100
R2(config-router)#route-id 2.2.2.2
R2(config-router)#network 123.1.1.2 0.0.0.0 area 0
R2(config-router)#network 192.168.5.254 0.0.0.0 area 0
R2(config-router)#network 192.168.6.254 0.0.0.0 area 0
R2(config)#interface tunnel 0
R2(config-if)#ip ospf network point-to-multipoint
```

#配置 R3 基于 Tunnel 口的 OSPF 协议

```
R3(config)#router ospf 100
R3(config-router)#route-id 3.3.3.3
R3(config-router)#network 123.1.1.3 0.0.0.0 area 0
R3(config-router)#network 192.168.3.254 0.0.0.0 area 0
R3(config-router)#network 192.168.4.254 0.0.0.0 area 0
R3(config)#interface tunnel 0
R3(config-if)#ip ospf network point-to-multipoint
```

#查看 Tunnel 口 OSPF 邻居状态,以下显示邻居均成功建立

```
R1#show ip ospf neighbor
Neighbor ID     Pri   State        Dead Time   Address      Interface
2.2.2.2         0     FULL/  -     00:01:41    123.1.1.2    Tunnel0
3.3.3.3         0     FULL/  -     00:01:56    123.1.1.3    Tunnel0
11.11.11.11     1     FULL/DR      00:00:34    11.1.1.2     FastEthernet0/0
22.22.22.22     1     FULL/DR      00:00:38    2.1.1.2      FastEthernet0/1
```

五、实验结果检验

#验证交换机 Telnet 功能,如下表明 R1 通过 telnet 远程登录 Sw1 成功

```
R1#telnet 11.1.1.2
Trying 11.1.1.2…Open
User Access Verification
Username:2018ADMIN123
Password:admin123
Sw1>
```

#验证路由器 Telnet 功能,如下表明 Sw2 通过 telnet 远程登录 R1 成功

```
Sw2#telnet 12.1.1.1
Trying 12.1.1.1…Open
User Access Verification
Password:admin123
R1>
```

#验证总部区域是否通过 DMVPN 收到分公司路由

查看 R1 的路由表,如下,表明当前网络路由齐全

```
R1#show ip route
1.0.0.0/32 is subnetted, 1 subnets
C       1.1.1.1 is directly connected, Loopback0
        2.0.0.0/32 is subnetted, 1 subnets
O       2.2.2.2 [110/11112] via 123.1.1.2, 01:55:31, Tunnel0
        3.0.0.0/32 is subnetted,1 subnets
O       3.3.3.3 [110/11112] via 123.1.1.3, 01:56:31, Tunnel0
        11.0.0.0/8 is variably subnetted, 2 subnets, 2 masks
C       11.1.1.0/24 is directly connected, FastEthernet0/0
O       11.11.11.11/32 [110/2] via 11.1.1.2, 01:47:36, FastEthernet0/0
        12.0.0.0/24 is subnetted, 1 subnets
C       12.1.1.0 is directly connected, FastEthernet0/1
        14.0.0.0/24 is subnetted, 1 subnets
C       14.1.1.0 is directly connected, Serial1/0
        22.0.0.0/32 is subnetted, 1 subnets
O       22.22.22.22 [110/2] via 12.1.1.2, 01:57:29, FastEthernet0/1
        123.0.0.0/8 is variably subnetted, 3 subnets, 2 masks
O       123.1.1.3/32[110/11111] via 123.1.1.3,00:00:03,Tunnel0
O       123.1.1.2/32[110/11111] via 123.1.1.2,00:00:03,Tunnel0
C       123.1.1.0/24 is directly connected, Tunnel0
```

```
O        192.168.1.0/24 [110/2] via 11.1.1.2, 01:47:36, FastEthernet0/0
[110/2] via 12.1.1.2, 01:47:36, FastEthernet0/1
O        192.168.2.0/24 [110/2] via 11.1.1.2, 01:47:36, FastEthernet0/0
[110/2] via 12.1.1.2, 01:47:36, FastEthernet0/1
O        192.168.3.0/24 [110/11112] via 123.1.1.3, 01:56:14, Tunnel0
O        192.168.4.0/24 [110/11112] via 123.1.1.3, 01:56:14, Tunnel0
O        192.168.5.0/24 [110/11112] via 123.1.1.2, 01:55:31, Tunnel0
O        192.168.6.0/24 [110/11112] via 123.1.1.2, 01:55:31, Tunnel0
```

#验证分部区域是否收到总公司路由

查看R3的路由表，如下，表明当前网络路由齐全。

```
R3#show ip route
1.0.0.0/32 is subnetted, 1 subnets
O      1.1.1.1 [110/11112] via 123.1.1.1, 00:00:08, Tunnel0
       2.0.0.0/32 is subnetted, 1 subnets
O      2.2.2.2 [110/22223] via 123.1.1.1, 00:00:08, Tunnel0
       3.0.0.0/32 is subnetted, 1 subnets
C      3.3.3.3 is directly connected, Loopback0
       11.0.0.0/8 is variably subnetted, 2 subnets, 2 masks
O      11.1.1.0/24 [110/11112] via 123.1.1.1, 00:00:08, Tunnel0
O      11.11.11.11/32 [110/11112] via 123.1.1.1, 00:00:08, Tunnel0
       12.0.0.0/24 is subnetted, 1 subnets
O      12.1.1.0 [110/11112] via 123.1.1.1, 00:00:08, Tunnel0
       22.0.0.0/32 is subnetted, 1 subnets
O      22.22.22.22 [110/11112] via 123.1.1.1, 00:00:08, Tunnel0
       34.0.0.0/24 is subnetted, 1 subnets
C      34.1.1.0 is directly connected, Serial1/1
O      192.168.1.0/24 [110/11112] via 123.1.1.1, 00:00:08, Tunnel0
O      192.168.2.0/24 [110/11112] via 123.1.1.1, 00:00:08, Tunnel0
C      192.168.3.0/24 is directly connected, FastEthernet0/0.30
C      192.168.4.0/24 is directly connected, FastEthernet0/0.40
O      192.168.5.0/24 [110/11112] via 123.1.1.1, 00:00:08, Tunnel0
O      192.168.6.0/24 [110/11112] via 123.1.1.1, 00:00:08, Tunnel0
```

#验证总部PC与分部一PC是否连通，如下图7.6表明PC0访问PC2成功。

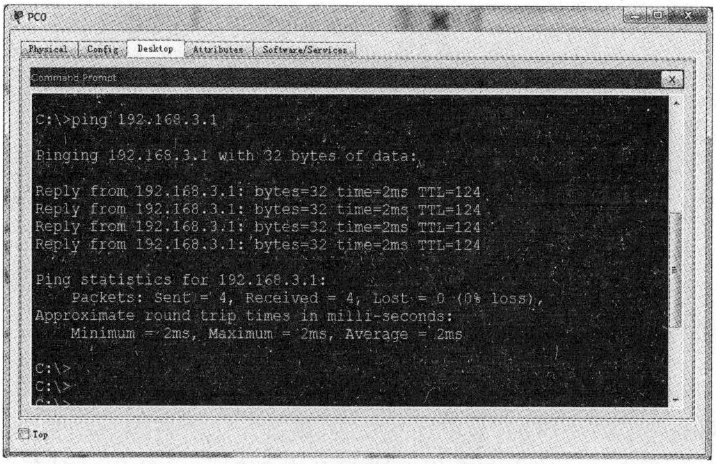
PC0
Physical
Config
Desktop
Attributes
Software/Services
Command Prompt
C:\>ping 192.168.3.1
Pinging 192.168.3.1 with 32 bytes of data:
Reply from 192.168.3.1: bytes=32 time=2ms TTL=124
Reply from 192.168.3.1: bytes=32 time=2ms TTL=124
Reply from 192.168.3.1: bytes=32 time=2ms TTL=124
Reply from 192.168.3.1: bytes=32 time=2ms TTL=124
Ping statistics for 192.168.3.1:
Packets: Sent = 4, Received = 4, Lost = 0 (0% loss),
Approximate round trip times in milli-seconds:
Minimum = 2ms, Maximum = 2ms, Average = 2ms
C:\>
C:\>
Top

图 7.6 PC0 与 PC2 通信成功

#验证总部 PC 与分部二 PC 是否连通，如下图 7.7 表明 PC1 访问 PC4 成功。

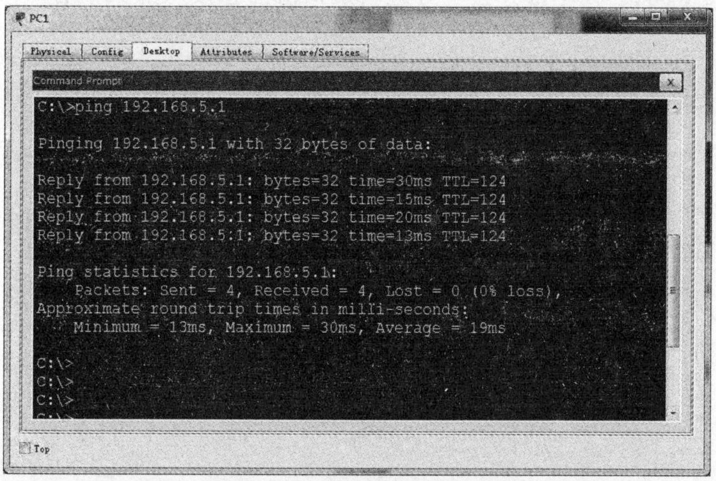
PC1
Physical
Config
Desktop
Attributes
Software/Services
Command Prompt
C:\>ping 192.168.5.1
Pinging 192.168.5.1 with 32 bytes of data:
Reply from 192.168.5.1: bytes=32 time=30ms TTL=124
Reply from 192.168.5.1: bytes=32 time=15ms TTL=124
Reply from 192.168.5.1: bytes=32 time=20ms TTL=124
Reply from 192.168.5.1: bytes=32 time=13ms TTL=124
Ping statistics for 192.168.5.1:
Packets: Sent = 4, Received = 4, Lost = 0 (0% loss),
Approximate round trip times in milli-seconds:
Minimum = 13ms, Maximum = 30ms, Average = 19ms
C:\>
C:\>
C:\>
Top

图 7.7 PC1 访问 PC4 成功

#验证分部一 PC 与分部二 PC 是否连通，如下图 7.8 表明 PC3 访问 PC5 成功。

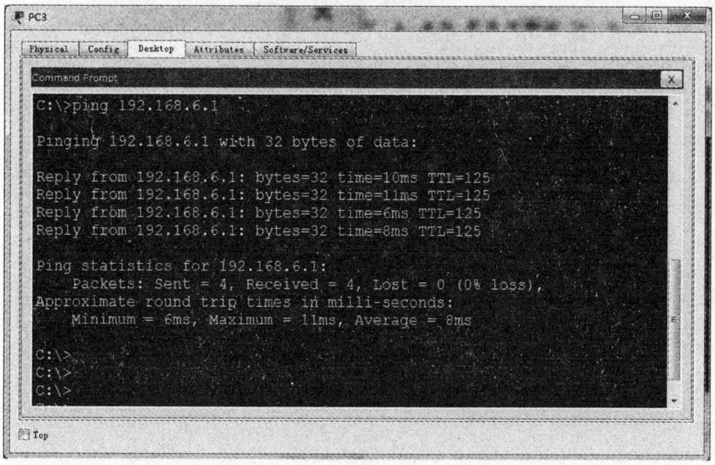
PC3
Physical
Config
Desktop
Attributes
Software/Services
Command Prompt
C:\>ping 192.168.6.1
Pinging 192.168.6.1 with 32 bytes of data:
Reply from 192.168.6.1: bytes=32 time=10ms TTL=125
Reply from 192.168.6.1: bytes=32 time=11ms TTL=125
Reply from 192.168.6.1: bytes=32 time=6ms TTL=125
Reply from 192.168.6.1: bytes=32 time=8ms TTL=125
Ping statistics for 192.168.6.1:
Packets: Sent = 4, Received = 4, Lost = 0 (0% loss),
Approximate round trip times in milli-seconds:
Minimum = 6ms, Maximum = 11ms, Average = 8ms
C:\>
C:\>
C:\>
Top

图 7.8 PC3 访问 PC5 成功

【微信扫码】
学习辅助资源

项 目 八

项目背景

某公司是刚刚起步的公司，为了更好的发展，该公司急需搭建企业网络。目前拥有人事部，市场部，销售部，培训部，技术部和财务部等几个部门。并且公司拥有自己的 FTP 服务器、Web 服务器、E-mail 服务器和 HTTP 服务器。公司总占地面积约有 600 平方米。设备机房位于大楼三楼中间，在技术部办公室旁边。该大楼信息接入点大概有 200 个。拓扑信息详见图 8.1。

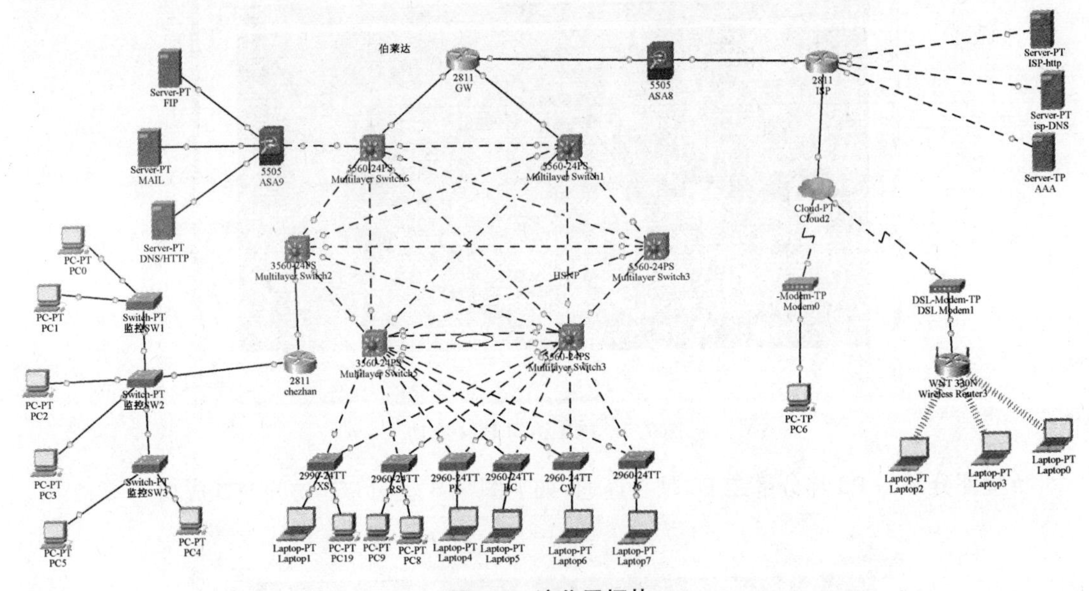

图 8.1　该公司拓扑

表 8.1　设备接口连接表

设备	端口	设备	端口
GW	F0/0	Multilayer-Switch6	F0/2
GW	F0/1	Multilayer-Switch1	F0/1
GW	F1/0	ASA8	E0/0
Multilayer-Switch6	F0/1	ASA9	E0/3
Multilayer-Switch6	F0/2	GW	F0/0

（续表）

设备	端口	设备	端口
Multilayer-Switch6	F0/3	Multilayer-Switch5	F0/1
Multilayer-Switch6	F0/4	Multilayer-Switch1	F0/3
Multilayer-Switch6	F0/5	Multilayer-Switch4	F0/2
Multilayer-Switch6	F0/6	Multilayer-Switch2	F0/4
Multilayer-Switch6	F0/7	Multilayer-Switch3	F0/5
Multilayer-Switch1	F0/1	R1	F0/1
Multilayer-Switch1	F0/2	Multilayer-Switch3	F0/1
Multilayer-Switch1	F0/3	Multilayer-Switch6	F0/4
Multilayer-Switch1	F0/4	Multilayer-Switch5	F0/2
Multilayer-Switch1	F0/5	Multilayer-Switch4	F0/3
Multilayer-Switch1	F0/6	Multilayer-Switch2	F0/5
Multilayer-Switch2	F0/1	Multilayer-Switch5	F0/10
Multilayer-Switch2	F0/2	Multilayer-Switch4	F0/1
Multilayer-Switch2	F0/3	Chejian	F0/0
Multilayer-Switch2	F0/4	Multilayer-Switch6	F0/6
Multilayer-Switch2	F0/5	Multilayer-Switch1	F0/6
Multilayer-Switch2	F0/6	Multilayer-Switch3	F0/4
Multilayer-Switch3	F0/1	Multilayer-Switch1	F0/2
Multilayer-Switch3	F0/2	Multilayer-Switch5	F0/3
Multilayer-Switch3	F0/3	Multilayer-Switch4	F0/4
Multilayer-Switch3	F0/4	Multilayer-Switch2	F0/6
Multilayer-Switch3	F0/5	Multilayer-Switch6	F0/7
Multilayer-Switch4	F0/1	Multilayer-Switch2	F0/2
Multilayer-Switch4	F0/2	Multilayer-Switch6	F0/5
Multilayer-Switch4	F0/3	Multilayer-Switch1	F0/5
Multilayer-Switch4	F0/4	Multilayer-Switch3	F0/3
Multilayer-Switch4	F0/5	JS	F0/1
Multilayer-Switch4	F0/6	CW	F0/1
Multilayer-Switch4	F0/7	SC	F0/1
Multilayer-Switch4	F0/8	XS	F0/1
Multilayer-Switch4	F0/9	RS	F0/1
Multilayer-Switch4	F0/10	PX	F0/1

（续表）

设备	端口	设备	端口
Multilayer-Switch4	F0/11	Multilayer-Switch5	F0/11
Multilayer-Switch4	F0/12	Multilayer-Switch5	F0/12
Multilayer-Switch5	F0/1	Multilayer-Switch6	F0/3
Multilayer-Switch5	F0/2	Multilayer-Switch1	F0/4
Multilayer-Switch5	F0/3	Multilayer-Switch3	F0/2
Multilayer-Switch5	F0/4	XS	F0/2
Multilayer-Switch5	F0/5	RS	F0/2
Multilayer-Switch5	F0/6	PX	F0/2
Multilayer-Switch5	F0/7	SC	F0/2
Multilayer-Switch5	F0/8	CW	F0/2
Multilayer-Switch5	F0/9	JS	F0/2
Multilayer-Switch5	F0/10	Multilayer-Switch2	F0/1
Multilayer-Switch5	F0/11	Multilayer-Switch4	F0/11
Multilayer-Switch5	F0/12	Multilayer-Switch4	F0/12
ASA9	E0/0	FTP	Lan
ASA9	E0/1	EMAIL	Lan
ASA9	E0/2	DNS/HTTP	Lan
ASA9	E0/3	Multilayer-Switch6	F0/1
ASA8	E0/0	GW	F1/0
ASA8	E0/1	ISP	F0/0
ISP	F0/0	ASA8	E0/1
ISP	E1/2	Cloud2	Eth6
ISP	F0/1	ISP-HTTP	Lan
ISP	E1/0	ISP-DNS	Lan
ISP	E1/1	AAA	Lan
Cloud2	Modem5	DSLModel1	lan
Cloud2	Modem4	DSLModel0	lan
XS	F0/2	Multilayer-Switch5	F0/4
XS	F0/1	Multilayer-Switch4	F0/8
XS	F0/3	PC9	Lan
XS	F0/4	PC8	Lan
PX	F0/2	Multilayer-Switch5	F0/6

（续表）

设备	端口	设备	端口
PX	F0/1	Multilayer-Switch4	F0/10
PX	F0/3	Laptop4	Lan
SC	F0/2	Multilayer-Switch5	F0/7
SC	F0/1	Multilayer-Switch4	F0/7
SC	F0/3	Laptop5	Lan
CW	F0/2	Multilayer-Switch5	F0/8
CW	F0/1	Multilayer-Switch4	F0/6
CW	F0/3	Laptop6	Lan
JS	F0/2	Multilayer-Switch5	F0/9
JS	F0/1	Multilayer-Switch4	F0/5
JS	F0/3	Laptop7	lan
监控 Sw1	F0/1	监控 SW2	F1/1
监控 Sw1	F1/1	PC0	Lan
监控 Sw1	F2/1	PC1	Lan
监控 Sw2	F0/1	Chejian	F0/1
监控 Sw2	F1/1	监控 SW1	F0/1
监控 Sw2	F3/1	PC2	Lan
监控 Sw2	F9/1	PC3	Lan
监控 Sw3	F0/1	监控 SW2	F2/1
监控 Sw3	F2/1	PC5	Lan
监控 Sw3	F1/1	PC4	Lan

表 8.2　网络设备 IP 地址分配表

设备	接口	IP 地址	设备	接口	IP 地址
GW	F0/0	60.1.1.10/24		F0/5	46.1.1.6/24
	F0/1	61.1.1.10/24		F0/6	26.1.1.6/24
	F1/0	100.100.100.3/24		F0/7	36.1.1.6/32
	Lo0	10.10.10.10/32		Loopback0	6.6.6.6/32
Multilayer-switch6	F0/1	69.1.1.6/24	Multilayer-switch1	F0/1	61.1.1.1/24
	F0/2	60.1.1.6/24		F0/2	13.1.1.1/24
	F0/3	56.1.1.6/24		F0/3	16.1.1.1/24
	F0/4	16.1.1.6/24		F0/4	15.1.1.1/24

（续表）

设备	接口	IP 地址	设备	接口	IP 地址
	F0/5	14.1.1.1/24		Vlan40	192.168.40.253/24
	F0/6	12.1.1.1/24		Vlan50	192.168.50.253/24
	Loopback0	1.1.1.1/32		Vlan60	192.168.60.253/24
Multilayer-switch2	F0/1	25.1.1.2/24	Multilayer-switch5	F0/1	56.1.1.5/24
	F0/2	24.1.1.2/24		F0/2	15.1.1.5/24
	F0/3	27.1.1.2/24		F0/4	35.1.1.5/24
	F0/4	26.1.1.2/24		F0/10	25.1.1.5/24
	F0/5	12.1.1.2/24		Loopback0	5.5.5.5/32
	F0/6	23.1.1.2/24		Vlan10	192.168.10.252/24
	Loopback0	2.2.2.2/32		Vlan20	192.168.20.252/24
Multilayer-switch3	F0/1	13.1.1.3/24		Vlan30	192.168.30.252/24
	F0/2	35.1.1.3/24		Vlan40	192.168.40.252/24
	F0/4	23.1.1.3/24		Vlan50	192.168.50.252/24
	F0/5	36.1.1.3/24		Vlan60	192.168.60.252/24
	Loopback0	3.3.3.3/32	ISP	F0/1	100.100.100.2/24
Multilayer-switch4	F0/1	24.1.1.4/24		F0/2	100.100.102.1/24
	F0/2	46.1.1.4/24		E1/0	100.100.103.1/24
	F0/4	14.1.1.4/24		E1/1	100.100.104.1/24
	F0/5	34.1.1.4/24		E1/2	100.100.101.1
	Loopback0	4.4.4.4/32	ASA9	Vlan70	192.168.70.254/24
	Vlan10	192.168.10.253/24		Vlan80	69.1.1.9/24
	Vlan20	192.168.20.253/24	ASA8	Vlan1	80.1.1.1/24
	Vlan30	192.168.30.253/24		Vlan2	100.100.100.1/24

注：

销售部所在网段 192.168.10.0/24

人事部所在网段 192.168.20.0/24

培训部所在网段 192.168.20.0/24

市场部所在网段 192.168.40.0/24

财务部所在网段 192.168.50.0/24

技术部所在网段 192.168.60.0/24

监控区所在网段 192.168.70.0/24

ISP-HTTP 所在网段 100.100.102.0/24

ISP-DNS 所在网段 100.100.103.0/24

ISP-AAA 所在网段 100.100.104.0/24

分部无线接入点所在网段 192.168.10.0/24

分部有线接入点所在 100.100.101.0/24

项目需求

一、总部需求

1. 按照网络拓扑图制作以太网网线，并连接设备。要求符合 T568A 和 T568B 的标准，其线缆长度适中。

2. 依据图表信息所示，对网络中的所有设备接口配置 IP 地址。

3. 依据网络拓扑图为路由设备命名。

4. 使用 VLAN 技术将每个部门的用户划分到不同的 VLAN 中。根据作用命名 VLAN。销售部使用 VLAN10 命名为 XS、人事部使用 VLAN20 命名为 RS、培训部 VLAN30 命名为 PX、市场部 VLAN40 命名为 SC、财务部使用 VLAN50 命名为 CW、技术部 VLAN60 命名为 JS。

5. 使用端口汇聚技术，在 Multilayer-switch5 和 Multilayer-switch4 之间链路启用端口汇聚。

6. 核心交换机开启路由功能实现 SVI 互通。

7. 在 Multilayer-switch5 和 Multilayer-switch4 之间使用 HSRP 实现冗余备份。其中 Multilayer-switch5 是 VLAN10、VLAN20、VLAN30 的根桥和主转发设备，Multilayer-switch4 为 VLAN10、VLAN20、VLAN30 的备份根和备份转发设备；Multilayer-switch4 是 VLAN40、VLAN50、VLAN60 的根桥和主转发设备，Multilayer-switch5 为 VLAN40、VLAN50、VLAN60 的备份根和备份转发设备。并且开启抢占功能。

8. VLAN 和 IP 地址合理规划设计

9. 采用 DHCP 技术。

10. 使用动态路由协议 OSPF，以自己本身的环回口作为自己的 router-id。

11. 车间路由器使用单臂路由以及 DHCP 实现车间终端获取地址。

12. 采用服务器防火墙和出口防火墙设计双防火墙设计。

13. 服务器防火墙：要求服务器处于最高等级的安全区域，不可以被外部访问，最大程度地提高服务器的安全程度。但是公司内部仍然可以访问这些服务器。

14. 出口、防火墙设计：除了公司的门户网站，其余设备可以主动发起访问其外部互联网，但是外部互联网不能够主动发起来访问内部的终端设备和网络设备。

15. 公司申请到了 100.100.100.3 和 100.100.100.4 两个地址，其中使用 100.100.100.3 作为公司内部所有访问互联网设备使用地址。100.100.100.4 作为公司门户网站映射到公网的地址，即外部设备可以访问的服务器的地址。

16. 公司需要搭建 FTP 服务器、DNS 服务器、E-Mail 服务器以及 HTTP 服务器。

二、广域网配置

1. 拥有 ISP-HTTP 服务器、dns 服务器、AAA 服务器。

三、分部需求

1. 无线路由器通过 PPPOE 拨号功能实现上网功能。内部无线终端设备通过无线上网功能访问互联网。

2. 无线控制器建立 1 个 SSID,SSID 为 MYNET01SSID 设置为隐藏,工作信道为自动;使用无线控制器提供 DHCP 服务,动态分配 IP 地址和网关,DNS 地址为:100.100.103.2,其分配的地址段为自行计算,需要排除网关。有线通过 PPPOE 拨号实现上网的功能。

3. 网络管理员即使出差外地,只要其电脑可以通过有线或者无线的方式访问互联网就可以通过 EZVPN 来获取公司内部的一个私有地址,并且可以通过 telnet 实现登录公司网络设备实现对其的管理和配置。

项目实施

一、总部配置

```
#配置总部接口 IP 地址和 vlan-id
Gw(config)#interface fastEthernet0/0
Gw(config-if)#ip address 60.1.1.10 255.255.255.0
Gw(config-if)#no shutdown
Gw(config)#interface fastEthernet0/1
Gw(config-if)#ip address 61.1.1.10 255.255.255.0
Gw(config-if)#no shutdown
Gw(config)#interface fastEthernet1/0
Gw(config-if)#ip address 100.100.100.3 255.255.255.0
Gw(config-if)#no shutdown
Gw(config)#interface loopback0
Gw(config-if)#ip address 10.10.10.10  255.255.255.255

#配置 Multilayer-switch6 接口 IP 地址
Multilayer-switch6(config)#interface fastEthernet0/1
Multilayer-switch6(config-if)#no switchport
Multilayer-switch6(config-if)#ip address 69.1.1.6 255.255.255.0
Multilayer-switch6(config-if)#no shutdown
Multilayer-switch6(config)#interface fastEthernet0/2
Multilayer-switch6(config-if)#no switchport
Multilayer-switch6(config-if)#ip address 60.1.1.6 255.255.255.0
Multilayer-switch6(config-if)#no shutdown
Multilayer-switch6(config)#interface fastEthernet0/3
Multilayer-switch6(config-if)#no switchport
```

```
Multilayer-switch6(config-if)#ip address 56.1.1.6 255.255.255.0
Multilayer-switch6(config-if)#no shutdown
Multilayer-switch6(config)#interface fastEthernet0/4
Multilayer-switch6(config-if)#no switchport
Multilayer-switch6(config-if)#ip address 16.1.1.6 255.255.255.0
Multilayer-switch6(config-if)#no shutdown
Multilayer-switch6(config)#interface fastEthernet0/5
Multilayer-switch6(config-if)#no switchport
Multilayer-switch6(config-if)#ip address 46.1.1.6 255.255.255.0
Multilayer-switch6(config-if)#no shutdown
Multilayer-switch6(config)#interface fastEthernet0/6
Multilayer-switch6(config-if)#no switchport
Multilayer-switch6(config-if)#ip address 26.1.1.6 255.255.255.0
Multilayer-switch6(config-if)#no shutdown
Multilayer-switch6(config)#interface fastEthernet0/7
Multilayer-switch6(config-if)#no switchport
Multilayer-switch6(config-if)#ip address 36.1.1.6 255.255.255.0
Multilayer-switch6(config-if)#no shutdown
Multilayer-switch6(config)#interface loopback0
Multilayer-switch6(config-if)#ip address 6.6.6.6 255.255.255.255

#配置 Multilayer-switch1 接口 IP 地址
Multilayer-switch1(config)#interface fastEthernet0/1
Multilayer-switch1(config-if)#no switchport
Multilayer-switch1(config-if)#ip address 61.1.1.1 255.255.255.0
Multilayer-switch1(config-if)#no shutdown
Multilayer-switch1(config)#interface fastEthernet0/2
Multilayer-switch1(config-if)#no switchport
Multilayer-switch1(config-if)#ip address 13.1.1.1 255.255.255.0
Multilayer-switch1(config-if)#no shutdown
Multilayer-switch1(config)#interface fastEthernet0/3
Multilayer-switch1(config-if)#no switchport
Multilayer-switch1(config-if)#ip address 16.1.1.1 255.255.255.0
Multilayer-switch1(config-if)#no shutdown
Multilayer-switch1(config)#interface fastEthernet0/4
Multilayer-switch1(config-if)#no switchport
Multilayer-switch1(config-if)#ip address 15.1.1.1 255.255.255.0
Multilayer-switch1(config-if)#no shutdown
Multilayer-switch1(config)#interface fastEthernet0/5
```

```
Multilayer-switch1(config-if)#no switchport
Multilayer-switch1(config-if)#ip address 13.1.1.1 255.255.255.0
Multilayer-switch1(config-if)#no shutdown
Multilayer-switch1(config)#interface fastEthernet0/6
Multilayer-switch1(config-if)#no switchport
Multilayer-switch1(config-if)#ip address 12.1.1.1 255.255.255.0
Multilayer-switch1(config-if)#no shutdown
Multilayer-switch1(config)#interface loopback0
Multilayer-switch1(config-if)#ip address 1.1.1.1 255.255.255.255
```

#配置 Multilayer-switch2 接口 IP 地址

```
Multilayer-switch2(config)#interface fastEthernet0/1
Multilayer-switch2(config-if)#no switchport
Multilayer-switch2(config-if)#ip address 25.1.1.2 255.255.255.0
Multilayer-switch2(config-if)#no shutdown
Multilayer-switch2(config)#interface fastEthernet0/2
Multilayer-switch2(config-if)#no switchport
Multilayer-switch2(config-if)#ip address 24.1.1.2 255.255.255.0
Multilayer-switch2(config-if)#no shutdown
Multilayer-switch2(config)#interface fastEthernet0/3
Multilayer-switch2(config-if)#no switchport
Multilayer-switch2(config-if)#ip address 27.1.1.2 255.255.255.0
Multilayer-switch2(config-if)#no shutdown
Multilayer-switch2(config)#interface fastEthernet0/4
Multilayer-switch2(config-if)#no switchport
Multilayer-switch2(config-if)#ip address 26.1.1.2 255.255.255.0
Multilayer-switch2(config-if)#no shutdown
Multilayer-switch2(config)#interface fastEthernet0/5
Multilayer-switch2(config-if)#no switchport
Multilayer-switch2(config-if)#ip address 12.1.1.2 255.255.255.0
Multilayer-switch2(config-if)#no shutdown
Multilayer-switch2(config)#interface fastEthernet0/6
Multilayer-switch2(config-if)#no switchport
Multilayer-switch2(config-if)#ip address 23.1.1.2 255.255.255.0
Multilayer-switch2(config-if)#no shutdown
Multilayer-switch2(config)#interface loopback0
Multilayer-switch2(config-if)#ip address 2.2.2.2 255.255.255.255
```

#配置 Multilayer-switch 3 接口 IP 地址

```
Multilayer-switch3(config)#interface fastEthernet0/1
Multilayer-switch3(config-if)#no switchport
Multilayer-switch3(config-if)#ip address 13.1.1.3 355.355.355.0
Multilayer-switch3(config-if)#no shutdown
Multilayer-switch3(config)#interface fastEthernet0/2
Multilayer-switch3(config-if)#no switchport
Multilayer-switch3(config-if)#ip address 35.1.1.3 355.355.355.0
Multilayer-switch3(config-if)#no shutdown
Multilayer-switch3(config)#interface fastEthernet0/4
Multilayer-switch3(config-if)#no switchport
Multilayer-switch3(config-if)#ip address 23.1.1.3 355.355.355.0
Multilayer-switch3(config-if)#no shutdown
Multilayer-switch3(config)#interface fastEthernet0/5
Multilayer-switch3(config-if)#no switchport
Multilayer-switch3(config-if)#ip address 36.1.1.3 355.355.355.0
Multilayer-switch3(config-if)#no shutdown
Multilayer-switch3(config)#interface loopback0
Multilayer-switch3(config-if)#ip address 3.3.3.3 355.355.355.355
```

#配置 Multilayer-switch4 接口 IP 地址

```
Multilayer-switch4(config)#interface fastEthernet0/1
Multilayer-switch4(config-if)#no switchport
Multilayer-switch4(config-if)#ip address 14.1.1.4 255.255.255.0
Multilayer-switch4(config-if)#no shutdown
Multilayer-switch4(config)#interface fastEthernet0/2
Multilayer-switch4(config-if)#no switchport
Multilayer-switch4(config-if)#ip address 45.1.1.4 255.255.255.0
Multilayer-switch4(config-if)#no shutdown
Multilayer-switch4(config)#interface fastEthernet0/4
Multilayer-switch4(config-if)#no switchport
Multilayer-switch4(config-if)#ip address 24.1.1.4 255.255.255.0
Multilayer-switch4(config-if)#no shutdown
Multilayer-switch4(config)#interface fastEthernet0/5
Multilayer-switch4(config-if)#no switchport
Multilayer-switch4(config-if)#ip address 46.1.1.4 255.255.255.0
Multilayer-switch4(config-if)#no shutdown
Multilayer-switch4(config)#interface loopback0
Multilayer-switch4(config-if)#ip address 4.4.4.4 255.255.255.255
Multilayer-switch4(config)#interface vlan10
```

```
Multilayer-switch4(config-if)#ip address 192.168.10.253 255.255.255.0
Multilayer-switch4(config-if)#no shutdown
Multilayer-switch4(config)#interface vlan20
Multilayer-switch4(config-if)#ip address 192.168.20.253 255.255.255.0
Multilayer-switch4(config-if)#no shutdown
Multilayer-switch4(config)#interface vlan30
Multilayer-switch4(config-if)#ip address 192.168.30.253 255.255.255.0
Multilayer-switch4(config-if)#no shutdown
Multilayer-switch4(config)#interface vlan40
Multilayer-switch4(config-if)#ip address 192.168.40.253 255.255.255.0
Multilayer-switch4(config-if)#no shutdown
Multilayer-switch4(config)#interface vlan50
Multilayer-switch4(config-if)#ip address 192.168.50.253 255.255.255.0
Multilayer-switch4(config-if)#no shutdown
Multilayer-switch4(config)#interface vlan60
Multilayer-switch4(config-if)#ip address 192.168.60.253 255.255.255.0
Multilayer-switch4(config-if)#no shutdown
Multilayer-switch4(config)#interface fastEthernet0/1
Multilayer-switch4(config-if)#ip address 14.1.1.4 255.255.255.0
Multilayer-switch4(config-if)#no shutdown
Multilayer-switch4(config)#interface fastEthernet0/2
Multilayer-switch4(config-if)#ip address 45.1.1.4 255.255.255.0
Multilayer-switch4(config-if)#no shutdown
Multilayer-switch4(config)#interface fastEthernet0/4
Multilayer-switch4(config-if)#ip address 24.1.1.4 255.255.255.0
Multilayer-switch4(config-if)#no shutdown
Multilayer-switch4(config)#interface fastEthernet0/5
Multilayer-switch4(config-if)#ip address 46.1.1.4 255.255.255.0
Multilayer-switch4(config-if)#no shutdown
Multilayer-switch4(config)#interface loopback0
Multilayer-switch4(config-if)#ip address 4.4.4.4 255.255.255.255
Multilayer-switch4(config)#vlan 10
Multilayer-switch4(config-vlan)#vlan 20
Multilayer-switch4(config-vlan)#vlan 30
Multilayer-switch4(config-vlan)#vlan 40
Multilayer-switch4(config-vlan)#vlan 50
Multilayer-switch4(config-vlan)#vlan 60
Multilayer-switch4(config)#interface vlan10
Multilayer-switch4(config-if)#ip address 192.168.10.253 255.255.255.0
```

```
Multilayer-switch4(config-if)#no shutdown
Multilayer-switch4(config)#interface vlan20
Multilayer-switch4(config-if)#ip address 192.168.20.253 255.255.255.0
Multilayer-switch4(config-if)#no shutdown
Multilayer-switch4(config)#interface vlan30
Multilayer-switch4(config-if)#ip address 192.168.30.253 255.255.255.0
Multilayer-switch4(config-if)#no shutdown
Multilayer-switch4(config)#interface vlan40
Multilayer-switch4(config-if)#ip address 192.168.40.253 255.255.255.0
Multilayer-switch4(config-if)#no shutdown
Multilayer-switch4(config)#interface vlan50
Multilayer-switch4(config-if)#ip address 192.168.50.253 255.255.255.0
Multilayer-switch4(config-if)#no shutdown
Multilayer-switch4(config)#interface vlan60
Multilayer-switch4(config-if)#ip address 192.168.60.253 255.255.255.0
Multilayer-switch4(config-if)#no shutdown
Multilayer-switch4(config-if)#interface range fastEthernet0/5 - 12
Multilayer-switch4(config-if-range)#switchport trunk encapsulation dot1q
Multilayer-switch4(config-if-range)#switchport mode trunk
Multilayer-switch4(config-if)#interface range fastEthernet0/11 - 12
Multilayer-switch4(config-if)#channel-group 1 mode on
```

#配置 Multilayer-switch5 接口 IP 地址

```
Multilayer-switch5(config)#interface fastEthernet0/1
Multilayer-switch5(config-if)#no switchport
Multilayer-switch5(config-if)#ip address 56.1.1.5 255.255.255.0
Multilayer-switch5(config-if)#no shutdown
Multilayer-switch5(config)#interface fastEthernet0/2
Multilayer-switch5(config-if)#no switchport
Multilayer-switch5(config-if)#ip address 15.1.1.5 255.255.255.0
Multilayer-switch5(config-if)#no shutdown
Multilayer-switch5(config)#interface fastEthernet0/3
Multilayer-switch5(config-if)#no switchport
Multilayer-switch5(config-if)#ip address 35.1.1.5 255.255.255.0
Multilayer-switch5(config-if)#no shutdown
Multilayer-switch5(config)#interface fastEthernet0/10
Multilayer-switch5(config-if)#no switchport
Multilayer-switch5(config-if)#ip address 25.1.1.5 255.255.255.0
Multilayer-switch5(config-if)#no shutdown
```

```
Multilayer-switch5(config)#interface loopback0
Multilayer-switch5(config-if)#ip address 5.5.5.5 255.255.255.255
Multilayer-switch5(config)#vlan 10
Multilayer-switch5(config-vlan)#vlan 20
Multilayer-switch5(config-vlan)#vlan 30
Multilayer-switch5(config-vlan)#vlan 40
Multilayer-switch5(config-vlan)#vlan 50
Multilayer-switch5(config-vlan)#vlan 60
Multilayer-switch5(config)#interface vlan10
Multilayer-switch5(config-if)#ip address 192.168.10.252 255.255.255.0
Multilayer-switch5(config-if)#no shutdown
Multilayer-switch5(config)#interface vlan20
Multilayer-switch5(config-if)#ip address 192.168.20.252 255.255.255.0
Multilayer-switch5(config-if)#no shutdown
Multilayer-switch5(config)#interface vlan30
Multilayer-switch5(config-if)#ip address 192.168.30.252 255.255.255.0
Multilayer-switch5(config-if)#no shutdown
Multilayer-switch5(config)#interface vlan40
Multilayer-switch5(config-if)#ip address 192.168.50.252 255.255.255.0
Multilayer-switch5(config-if)#no shutdown
Multilayer-switch5(config)#interface vlan50
Multilayer-switch5(config-if)#ip address 192.168.50.252 255.255.255.0
Multilayer-switch5(config-if)#no shutdown
Multilayer-switch5(config)#interface vlan60
Multilayer-switch5(config-if)#ip address 192.168.60.252 255.255.255.0
Multilayer-switch5(config-if)#no shutdown
Multilayer-switch5(config-if)#interface range fastEthernet0/4 - 9
Multilayer-switch5(config-if-range)#switchport trunk encapsulation dot1q
Multilayer-switch5(config-if-range)#switchport mode trunk
Multilayer-switch5(config-if)#interface range fastEthernet0/11 - 12
Multilayer-switch5(config-if)#switchport trunk encapsulation dot1q
Multilayer-switch5(config-if)#switchport mode trunk
Multilayer-switch5(config-if)#channel-group 1 mode on

#配置 Chejian IP 地址
Chejian(config)#interface fastEthernet0/0
Chejian(config-if)#ip address 27.1.1.7 255.255.255.0
Chejian(config-if)#no shutdown
Chejian(config-if)#interface fastEthernet0/1
```

```
Chejian(config-if)#no shutdown
Chejian(config-if)#interface fastEthernet0/1.90
Chejian(config-if)#encapsulation dot1q 90
Chejian(config-if)#ip address 192.168.90.254 255.255.255.0
```

#配置 XS

```
XS(config)#vlan 10
XS(config-vlan)#vlan 20
XS(config-vlan)#vlan 30
XS(config-vlan)#vlan 40
XS(config-vlan)#vlan 50
XS(config-vlan)#vlan 60
XS(config)#interface range fastEthernet0/3 - 4
XS(config-if-range)#switchport mode access
XS(config-if-range)#switchport access vlan 10
XS(config-if-range)#interface range fastEthernet0/1 - 2
XS(config-if-range)#switchport mode trunk
```

#配置 RS

```
RS(config)#vlan 10
RS(config-vlan)#vlan 20
RS(config-vlan)#vlan 30
RS(config-vlan)#vlan 40
RS(config-vlan)#vlan 50
RS(config-vlan)#vlan 60
RS(config)#interface range fastEthernet0/3 - 4
RS(config-if-range)#switchport mode access
RS(config-if-range)#switchport access vlan 20
RS(config-if-range)#interface range fastEthernet0/1 - 2
RS(config-if-range)#switchport mode trunk
```

#配置 PX

```
PX(config)#vlan 10
PX(config-vlan)#vlan 20
PX(config-vlan)#vlan 30
PX(config-vlan)#vlan 40
PX(config-vlan)#vlan 50
PX(config-vlan)#vlan 60
PX(config)#interface fastEthernet0/3
```

```
PX(config-if)#switchport mode access
PX(config-if-range)#switchport access vlan 30
PX(config-if-range)#interface range fastEthernet0/1 - 2
PX(config-if-range)#switchport mode trunk
```

#配置 SC

```
SC(config)#vlan 10
SC(config-vlan)#vlan 20
SC(config-vlan)#vlan 30
SC(config-vlan)#vlan 40
SC(config-vlan)#vlan 50
SC(config-vlan)#vlan 60
SC (config)#interface fastEthernet0/3
SC(config-if)#switchport mode access
SC(config-if-range)#switchport access vlan 40
SC(config-if-range)#interface range fastEthernet0/1 - 2
SC(config-if-range)#switchport mode trunk
```

#配置 CW

```
CW(config)#vlan 10
CW(config-vlan)#vlan 20
CW(config-vlan)#vlan 30
CW(config-vlan)#vlan 40
CW(config-vlan)#vlan 50
CW(config-vlan)#vlan 60
CW(config)#interface fastEthernet0/3
CW(config-if)#switchport mode access
CW(config-if-range)#switchport access vlan 50
CW(config-if-range)#interface range fastEthernet0/1 - 2
CW(config-if-range)#switchport mode trunk
```

#配置 JS

```
JS(config)#vlan 10
JS(config-vlan)#vlan 20
JS(config-vlan)#vlan 30
JS(config-vlan)#vlan 40
JS(config-vlan)#vlan 50
JS(config-vlan)#vlan 60
JS (config)#interface fastEthernet0/3
```

```
JS(config-if)#switchport mode access
JS(config-if-range)#switchport access vlan 60
JS(config-if-range)#interface range fastEthernet0/1 - 2
JS(config-if-range)#switchport mode trunk
```

#配置 JKSw1

```
JKSw1(config)#vlan 90
JKSw1(config)#interface range  fastEthernet1/1,fastEthernet2/1
JKSw1(config-if-range)#switchport mode access
JKSw1(config-if-range)#switchport access vlan 90
JKSw1(config-if-range)#interface fastEthernet0/1
JKSw1(config-if)#switchport mode trunk
```

#配置 JKSw2

```
JKSw2(config)#vlan 90
JKSw2(config)#interface range  fastEthernet3/1,f9/1
JKSw2(config-if-range)#switchport mode access
JKSw2(config-if-range)#switchport access vlan 90
JKSw2 ( config-if-range ) # interface range fastEthernet0/1, fastEthernet1/1,
fastEthernet2/1
JKSw2(config-if-range)#switchport mode trunk
```

#配置 JSSw3

```
JKSw3(config)#vlan 90
JKSw3(config)#interface range fastEthernet2/1,fastEthernet1/1
JKSw3(config-if-range)#switchport mode access
JKSw3(config-if-range)#switchport access vlan 90
JKSw3(config-if-range)#interface fastEthernet0/1
JKSw3(config-if)#switchport mode trunk
```

#配置动态路由协议

```
GW(config)#router ospf 110
GW(config-router)#router-id 10.10.10.10
GW(config-router)#network 10.10.10.10 0.0.0.0 area 0
GW(config-router)#network 61.1.1.10 0.0.0.0 area 0
GW(config-router)#network 60.1.1.10 0.0.0.0 area 0
GW(config-router)#default-information originate

Multilayer-switch6(config)#ip routing
```

```
Multilayer-switch6(config)#router ospf 110
Multilayer-switch6(config-router)#router-id 6.6.6.6
Multilayer-switch6(config-router)#network 6.6.6.6 0.0.0.0 area 0
Multilayer-switch6(config-router)#network 69.1.1.6 0.0.0.0 area 0
Multilayer-switch6(config-router)#network 56.1.1.6 0.0.0.0 area 0
Multilayer-switch6(config-router)#network 16.1.1.6 0.0.0.0 area 0
Multilayer-switch6(config-router)#network 46.1.1.6 0.0.0.0 area 0
Multilayer-switch6(config-router)#network 26.1.1.6 0.0.0.0 area 0
Multilayer-switch6(config-router)#network 36.1.1.6 0.0.0.0 area 0
Multilayer-switch6(config-router)#network 60.1.1.0 0.0.0.0 area 0

Multilayer-switch1(config)#ip routing
Multilayer-switch1(config)#router ospf 110
Multilayer-switch1(config-router)#router-id 1.1.1.1
Multilayer-switch1(config-router)#network 13.1.1.1 0.0.0.0 area 0
Multilayer-switch1(config-router)#network 12.1.1.1 0.0.0.0 area 0
Multilayer-switch1(config-router)#network 14.1.1.1 0.0.0.0 area 0
Multilayer-switch1(config-router)#network 15.1.1.1 0.0.0.0 area 0
Multilayer-switch1(config-router)#network 16.1.1.1 0.0.0.0 area 0
Multilayer-switch1(config-router)#network 61.1.1.1 0.0.0.0 area 0
Multilayer-switch1(config-router)#network 1.1.1.1 0.0.0.0 area 0

Multilayer-switch2(config)#ip routing
Multilayer-switch2(config)#router ospf 110
Multilayer-switch2(config-router)#router-id 2.2.2.2
Multilayer-switch2(config-router)#network 0.0.0.0 255.255.255.255 area 0

Multilayer-switch3(config)#ip routing
Multilayer-switch3(config)#router ospf 110
Multilayer-switch3(config-router)#router-id 2.2.2.2
Multilayer-switch3(config-router)#network 0.0.0.0 255.255.255.255 area 0

Multilayer-switch5(config)#ip routing
Multilayer-switch5(config)#router ospf 110
Multilayer-switch5(config-router)#router-id 5.5.5.5
Multilayer-switch5(config-router)#network 0.0.0.0 255.255.255.255 area 0

Multilayer-switch4(config)#ip routing
Multilayer-switch4(config)#router ospf 110
```

```
Multilayer-switch4(config-router)#router-id 4.4.4.4
Multilayer-switch4(config-router)#network 0.0.0.0 255.255.255.255 area 0

Chejian(config)#router ospf 110
Chejian(config-router)#router-id 4.4.4.4
Chejian(config-router)#network 0.0.0.0 255.255.255.255 area 0
```

#验证 OSPF 邻居

```
GW #show ip ospf neighbor
Neighbor ID     Pri  State        Dead Time   Address         Interface
1.1.1.1         1    FULL/BDR     00:00:33    61.1.1.1        FastEthernet0/1
Multilayer-switch6 #show ip ospf neighbor
Neighbor ID     Pri  State        Dead Time   Address         Interface
5.5.5.5         1    FULL/BDR     00:00:33    56.1.1.5        FastEthernet0/3
1.1.1.1         1    FULL/BDR     00:00:35    16.1.1.1        FastEthernet0/4
4.4.4.4         1    FULL/BDR     00:00:33    46.1.1.4        FastEthernet0/5
2.2.2.2         1    FULL/BDR     00:00:32    26.1.1.2        FastEthernet0/6
3.3.3.3         1    FULL/BDR     00:00:31    36.1.1.3        FastEthernet0/7
Multilayer-switch2 #show ip ospf neighbor
Neighbor ID     Pri  State        Dead Time   Address         Interface
5.5.5.5         1    FULL/DR      00:00:37    25.1.1.5        FastEthernet0/1
4.4.4.4         1    FULL/DR      00:00:36    24.1.1.4        FastEthernet0/2
192.168.90.254  1    FULL/DR      00:00:36    27.1.1.7        FastEthernet0/3
6.6.6.6         1    FULL/DR      00:00:31    26.1.1.6        FastEthernet0/4
1.1.1.1         1    FULL/BDR     00:00:38    12.1.1.1        FastEthernet0/5
3.3.3.3         1    FULL/DR      00:00:35    23.1.1.3        FastEthernet0/6
Multilayer-switch5 #show ip ospf neighbor
4.4.4.4         1    FULL/DR      00:00:33    192.168.60.253  Vlan60
6.6.6.6         1    FULL/DR      00:00:36    56.1.1.6        FastEthernet0/1
1.1.1.1         1    FULL/BDR     00:00:30    15.1.1.1        FastEthernet0/2
3.3.3.3         1    FULL/BDR     00:00:36    35.1.1.3        FastEthernet0/3
2.2.2.2         1    FULL/BDR     00:00:34    25.1.1.2        FastEthernet0/10
```

#配置 Multilayer-switch5

```
Multilayer-switch5(config)#spanning-tree vlan 10,20,30 priority 8192
Multilayer-switch5(config)#spanning-tree vlan 40,50,60 priority 16384
Multilayer-switch5(config)#interface vlan 10
Multilayer-switch5(config-if)#standby 10 ip 192.168.10.254
Multilayer-switch5(config-if)#standby 10 preempt
```

```
Multilayer-switch5(config-if)#standby 10 priority 105
Multilayer-switch5(config)#interface vlan 20
Multilayer-switch5(config-if)#standby 20 ip 192.168.20.254
Multilayer-switch5(config-if)#standby 20 preempt
Multilayer-switch5(config-if)#standby 20 priority 105
Multilayer-switch5(config)#interface vlan 30
Multilayer-switch5(config-if)#standby 30 ip 192.168.30.254
Multilayer-switch5(config-if)#standby 30 preempt
Multilayer-switch5(config-if)#standby 30 priority 105
Multilayer-switch5(config)#interface vlan 40
Multilayer-switch5(config-if)#standby 40 ip 192.168.40.254
Multilayer-switch5(config-if)#standby 40 preempt
Multilayer-switch5(config)#interface vlan 50
Multilayer-switch5(config-if)#standby 50 ip 192.168.50.254
Multilayer-switch5(config-if)#standby 50 preempt
Multilayer-switch5(config)#interface vlan 60
Multilayer-switch5(config-if)#standby 60 ip 192.168.60.254
Multilayer-switch5(config-if)#standby 60 preempt

#配置 Multilayer-switch4
Multilayer-switch4(config)#spanning-tree vlan 40,50,60 priority 8192
Multilayer-switch4(config)#spanning-tree vlan 10,20,30 priority 16384
Multilayer-switch4(config)#interface vlan 10
Multilayer-switch4(config-if)#standby 10 ip 192.168.10.254
Multilayer-switch4(config-if)#standby 10 preempt
Multilayer-switch4(config)#interface vlan 20
Multilayer-switch4(config-if)#standby 20 ip 192.168.20.254
Multilayer-switch4(config-if)#standby 20 preempt
Multilayer-switch4(config)#interface vlan 30
Multilayer-switch4(config-if)#standby 30 ip 192.168.30.254
Multilayer-switch4(config-if)#standby 30 preempt
Multilayer-switch4(config)#interface vlan 40
Multilayer-switch4(config-if)#standby 40 ip 192.168.40.254
Multilayer-switch4(config-if)#standby 40 preempt
Multilayer-switch4(config-if)#standby 40 priority 105
Multilayer-switch4(config)#interface vlan 50
Multilayer-switch4(config-if)#standby 50 ip 192.168.50.254
Multilayer-switch4(config-if)#standby 50 preempt
Multilayer-switch4(config-if)#standby 50 priority 105
```

```
Multilayer-switch4(config)#interface vlan 60
Multilayer-switch4(config-if)#standby 60 ip 192.168.60.254
Multilayer-switch4(config-if)#standby 60 preempt
Multilayer-switch4(config-if)#standby 60 priority 105
```

#验证 HSRP

```
Multilayer-switch5 #show standby brief
Interface   Grp  Pri P State   Active          Standby         Virtual IP
Vl10        10   105   Active  local           192.168.10.253  192.168.10.254
Vl20        20   105   Active  local           192.168.20.253  192.168.20.254
Vl30        30   105   Active  local           192.168.30.253  192.168.30.254
Vl40        40   100   Standby 192.168.40.253  local           192.168.40.254
Vl50        50   100   Standby 192.168.50.253  local           192.168.50.254
Vl60        60   100   Standby 192.168.60.253  local           192.168.60.254
Multilayer-switch4 #show standby brief
Interface   Grp  Pri P State   Active          Standby         Virtual IP
Vl10        10   100   Standby 192.168.10.252  local           192.168.10.254
Vl20        20   100   Standby 192.168.20.252  local           192.168.20.254
Vl30        30   100   Standby 192.168.30.252  local           192.168.30.254
Vl40        40   105   Active  local           192.168.40.252  192.168.40.254
Vl50        50   105   Active  local           192.168.50.252  192.168.50.254
Vl60        60   105   Active  local           192.168.60.252  192.168.60.254
```

#配置 DHCP

```
Multilayer-switch5(config)#ip dhcp pool vlan10
Multilayer-switch5(dhcp-config)#network 192.168.10.0 255.255.255.0
Multilayer-switch5(dhcp-config)#default-router 192.168.10.254
Multilayer-switch5(dhcp-config)#dns-server 69.1.1.3
Multilayer-switch5(config)#ip dhcp pool vlan20
Multilayer-switch5(dhcp-config)#network 192.168.20.0 255.255.255.0
Multilayer-switch5(dhcp-config)#default-router 192.168.20.254
Multilayer-switch5(dhcp-config)#dns-server 69.1.1.3
Multilayer-switch5(config)#ip dhcp pool vlan10
Multilayer-switch5(dhcp-config)#network 192.168.30.0 255.255.255.0
Multilayer-switch5(dhcp-config)#default-router 192.168.30.254
Multilayer-switch5(dhcp-config)#dns-server 69.1.1.3
Multilayer-switch5(config)#ip dhcp pool vlan40
Multilayer-switch5(dhcp-config)#network 192.168.40.0 255.255.255.0
Multilayer-switch5(dhcp-config)#default-router 192.168.40.254
```

```
Multilayer-switch5(dhcp-config)#dns-server 69.1.1.3
Multilayer-switch5(config)#ip dhcp pool vlan50
Multilayer-switch5(dhcp-config)#network 192.168.50.0 255.255.255.0
Multilayer-switch5(dhcp-config)#default-router 192.168.50.254
Multilayer-switch5(dhcp-config)#dns-server 69.1.1.3
Multilayer-switch5(config)#ip dhcp pool vlan60
Multilayer-switch5(dhcp-config)#network 192.168.60.0 255.255.255.0
Multilayer-switch5(dhcp-config)#default-router 192.168.60.254
Multilayer-switch5(dhcp-config)#dns-server 69.1.1.3
Multilayer-switch6(config)#ip dhcp pool vlan10
Multilayer-switch6(dhcp-config)#network 192.168.10.0 255.255.255.0
Multilayer-switch6(dhcp-config)#default-router 192.168.10.254
Multilayer-switch6(dhcp-config)#dns-server 69.1.1.3
Multilayer-switch6(config)#ip dhcp pool vlan20
Multilayer-switch6(dhcp-config)#network 192.168.20.0 255.255.255.0
Multilayer-switch6(dhcp-config)#default-router 192.168.20.254
Multilayer-switch6(dhcp-config)#dns-server 69.1.1.3
Multilayer-switch6(config)#ip dhcp pool vlan10
Multilayer-switch6(dhcp-config)#network 192.168.30.0 255.255.255.0
Multilayer-switch6(dhcp-config)#default-router 192.168.30.254
Multilayer-switch6(dhcp-config)#dns-server 69.1.1.3
Multilayer-switch6(config)#ip dhcp pool vlan40
Multilayer-switch6(dhcp-config)#network 192.168.40.0 255.255.255.0
Multilayer-switch6(dhcp-config)#default-router 192.168.40.254
Multilayer-switch6(dhcp-config)#dns-server 69.1.1.3
Multilayer-switch6(config)#ip dhcp pool vlan50
Multilayer-switch6(dhcp-config)#network 192.168.50.0 255.255.255.0
Multilayer-switch6(dhcp-config)#default-router 192.168.50.254
Multilayer-switch6(dhcp-config)#dns-server 69.1.1.3
Multilayer-switch6(config)#ip dhcp pool vlan60
Multilayer-switch6(dhcp-config)#network 192.168.60.0 255.255.255.0
Multilayer-switch6(dhcp-config)#default-router 192.168.60.254
Multilayer-switch6(dhcp-config)#dns-server 69.1.1.3
Chejian(config)#ip dhcp pool vlan90
Chejian(dhcp-config)#network 192.168.90.0 255.255.255.0
Chejian(dhcp-config)#default-router 192.168.90.254
```

#验证 DHCP,如下图 8.2 至 8.15 所示。

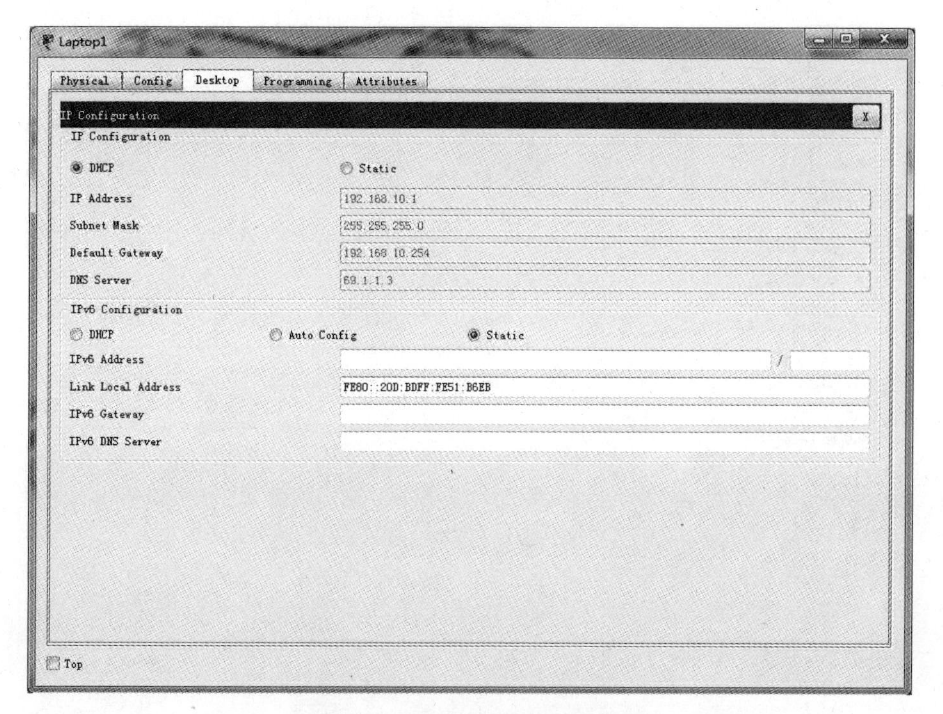

图 8.2 Laptop1 正常获取地址图

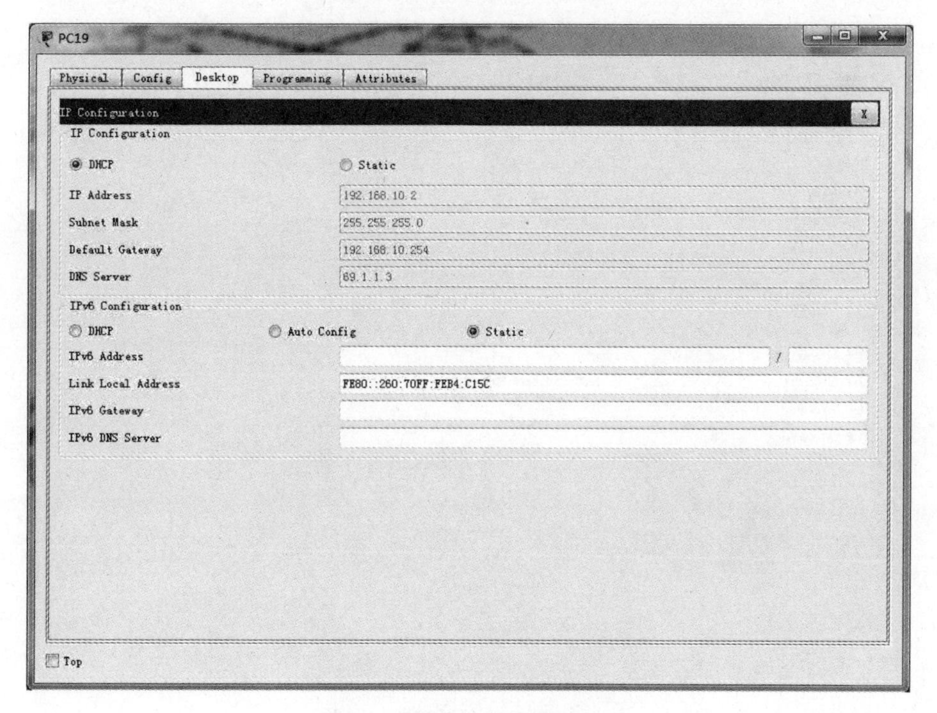

图 8.3 PC19 正常获取地址图

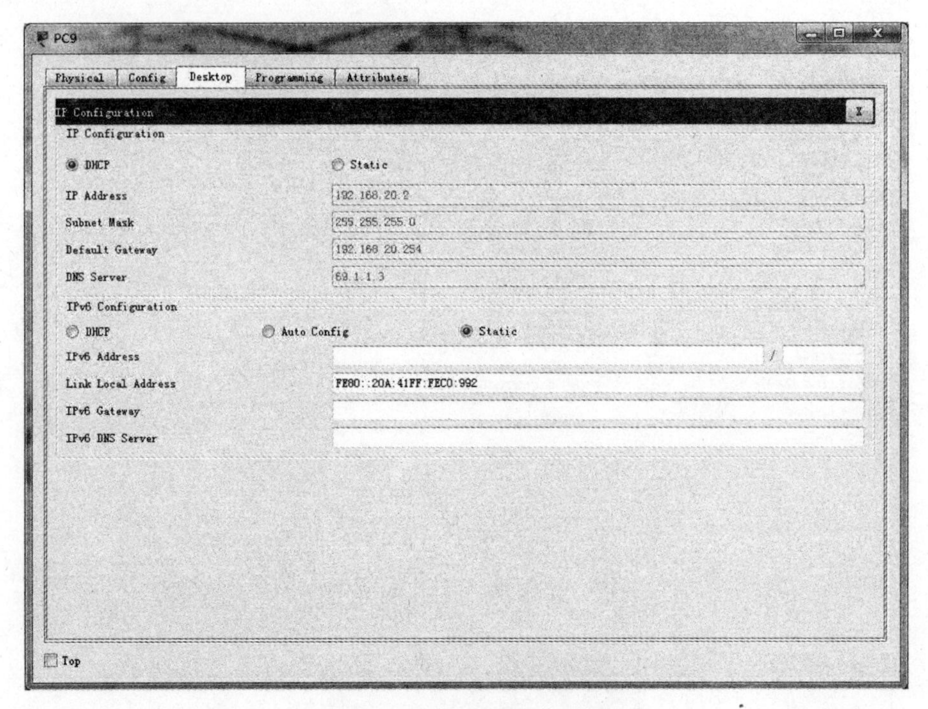

图 8.4 PC9 正常获取地址图

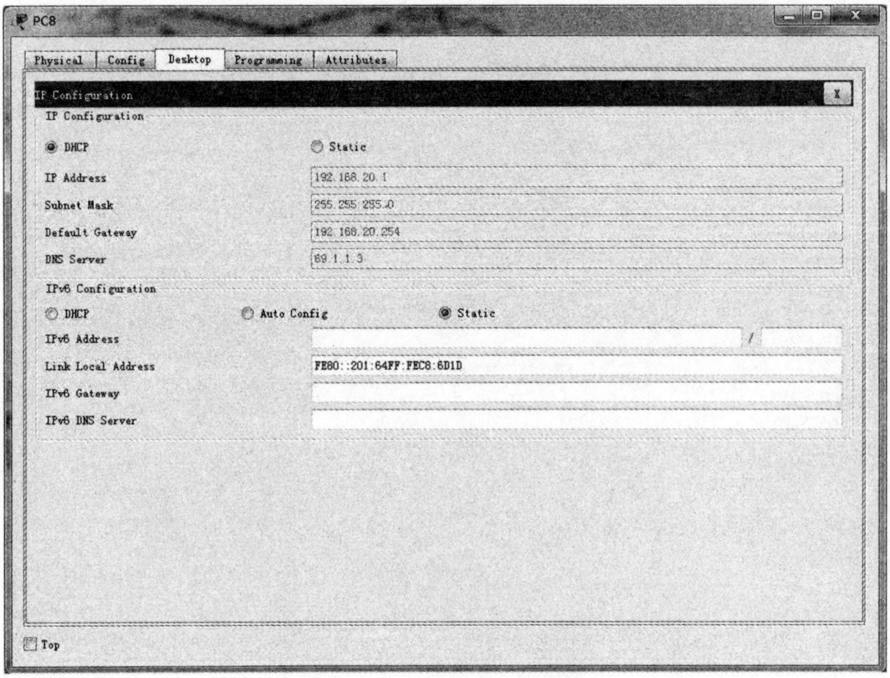

图 8.5 PC8 正常获取地址图

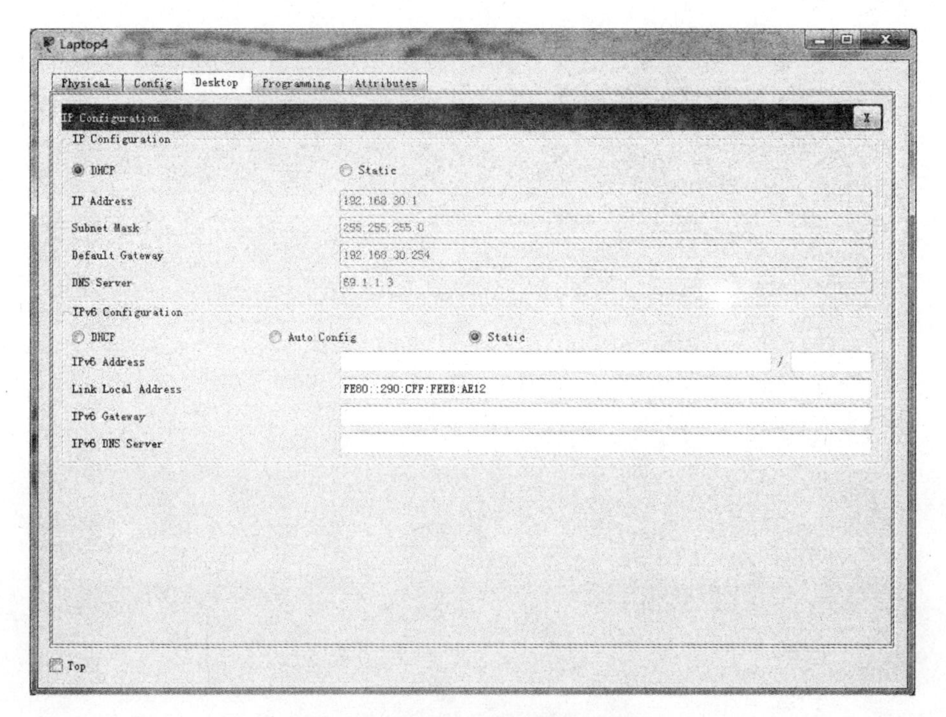

图 8.6　Laptop4 正常获取地址图

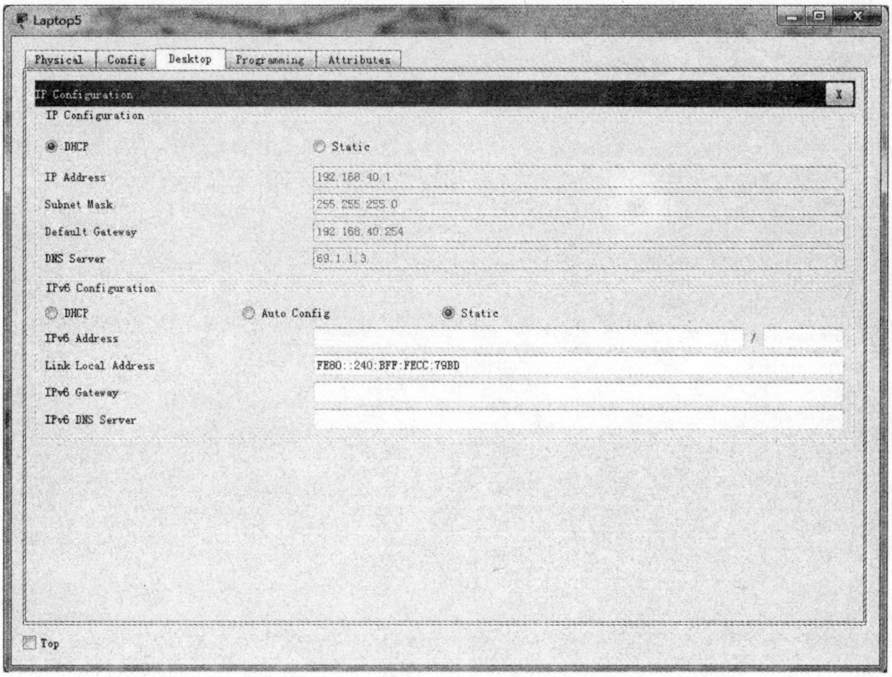

Laptop5
Physical
Config
Desktop
Programming
Attributes
IP Configuration
IP Configuration
DHCP
Static
IP Address
192.168.40.1
Subnet Mask
255.255.255.0
Default Gateway
192.168.40.254
DNS Server
69.1.1.3
IPv6 Configuration
DHCP
Auto Config
Static
IPv6 Address
Link Local Address
FE80::240:BFF:FECC:79BD
IPv6 Gateway
IPv6 DNS Server
Top

图 8.7　Laptop5 正常获取地址图

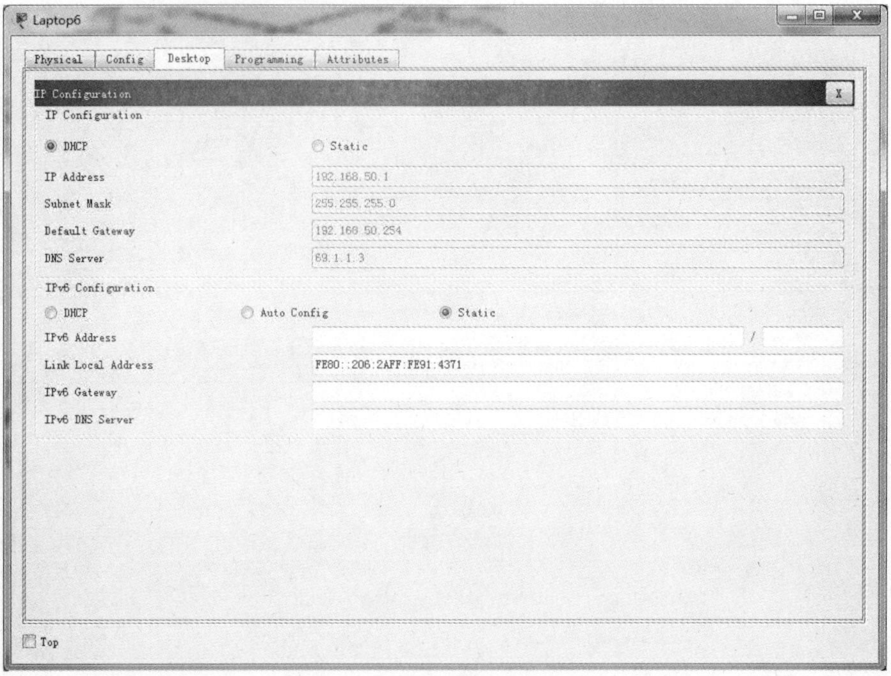

Laptop6

Physical | Config | Desktop | Programming | Attributes

IP Configuration

IP Configuration

DHCP　　Static

IP Address	192.168.50.1
Subnet Mask	255.255.255.0
Default Gateway	192.168.50.254
DNS Server	83.1.1.3

IPv6 Configuration

DHCP　　Auto Config　　Static

IPv6 Address	/
Link Local Address	FE80::206:2AFF:FE91:4371
IPv6 Gateway	
IPv6 DNS Server	

Top

图 8.8 Laptop6 正常获取地址图

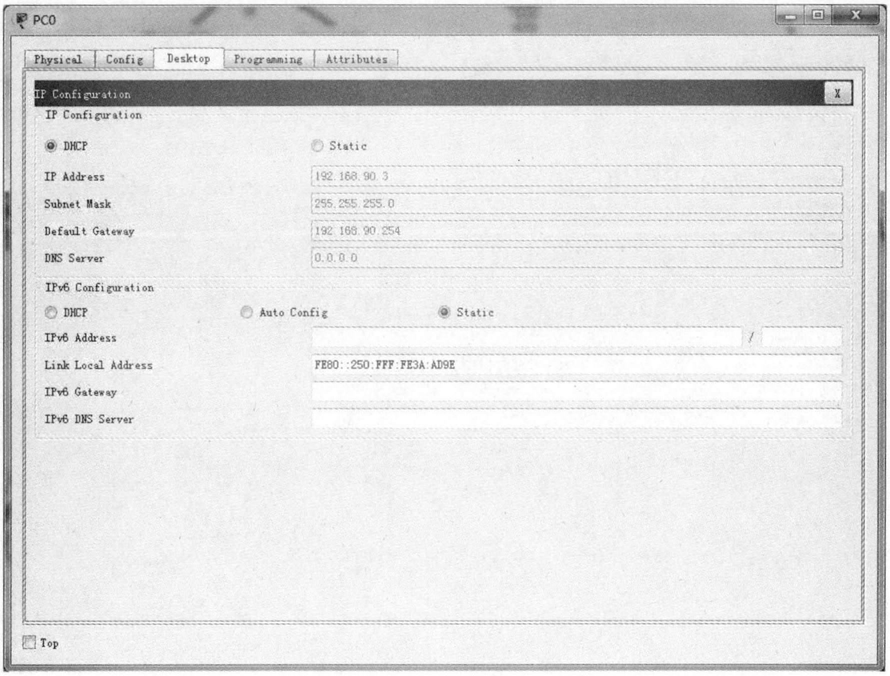

PC0

Physical | Config | Desktop | Programming | Attributes

IP Configuration

IP Configuration

DHCP　　Static

IP Address	192.168.90.3
Subnet Mask	255.255.255.0
Default Gateway	192.168.90.254
DNS Server	0.0.0.0

IPv6 Configuration

DHCP　　Auto Config　　Static

IPv6 Address	/
Link Local Address	FE80::250:FFF:FE3A:AD9E
IPv6 Gateway	
IPv6 DNS Server	

Top

图 8.9 PC0 正常获取地址图

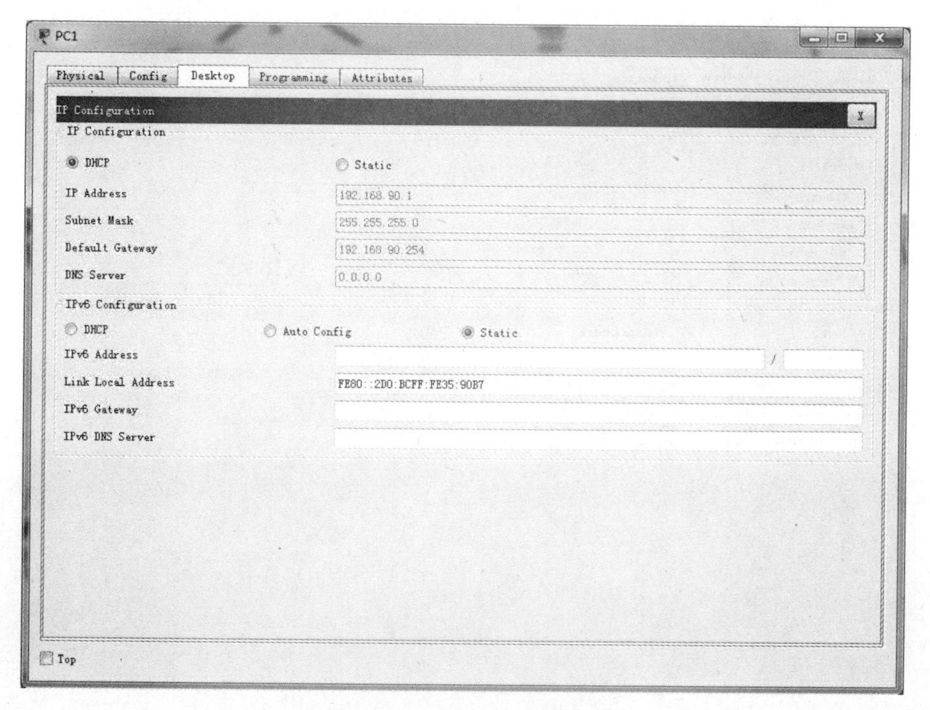

图 8.10 PC0 正常获取地址图

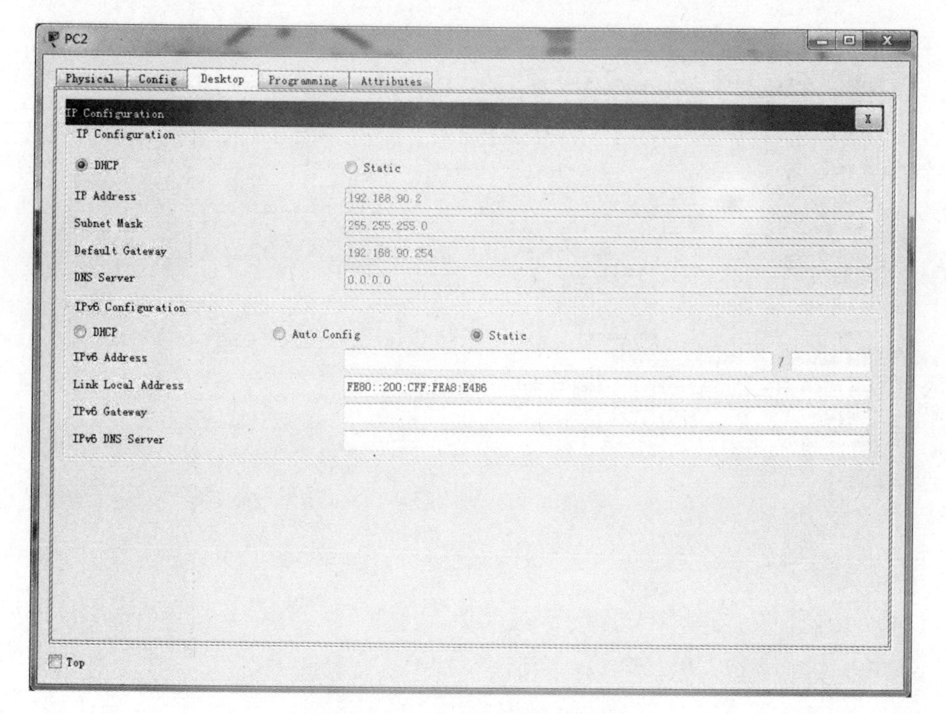

图 8.11 PC2 正常获取地址图

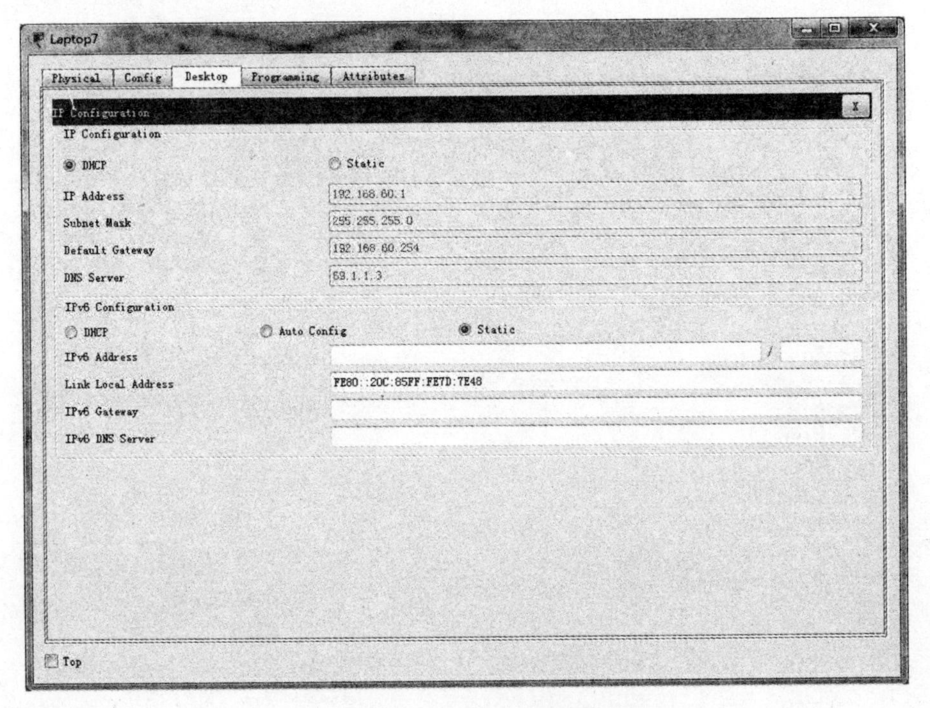

图 8.12　Laptop7 正常获取地址图

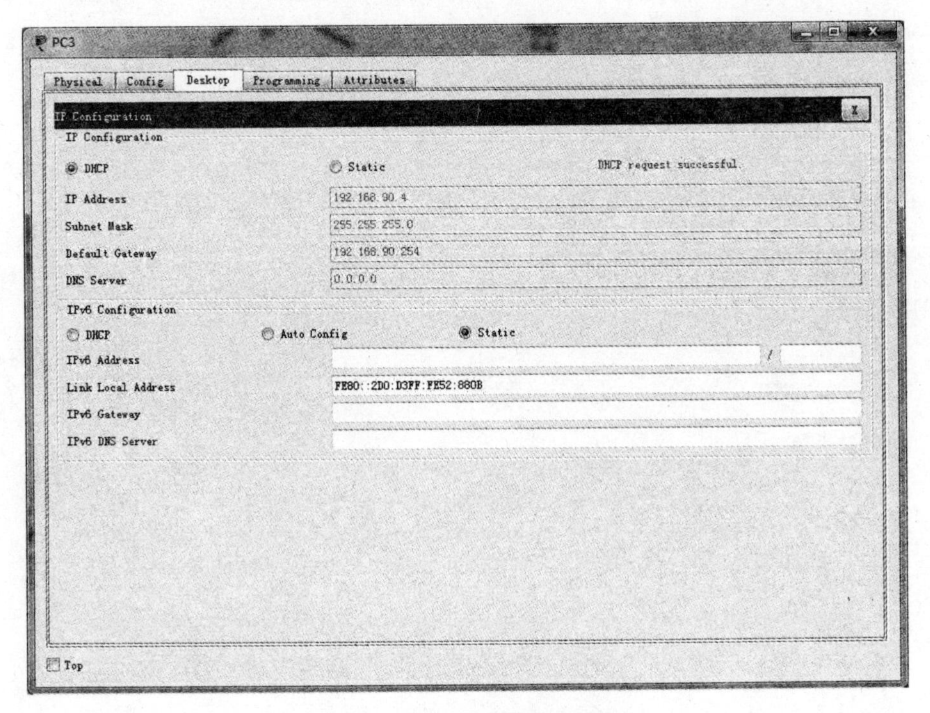

图 8.13　PC3 正常获取地址图

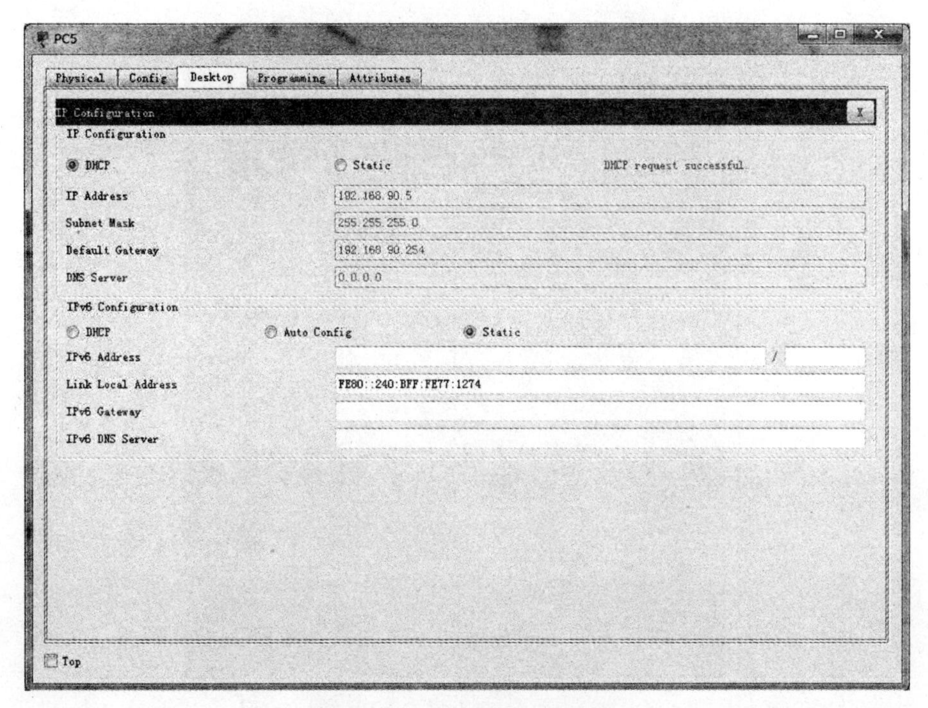

图 8.14 PC5 正常获取地址图

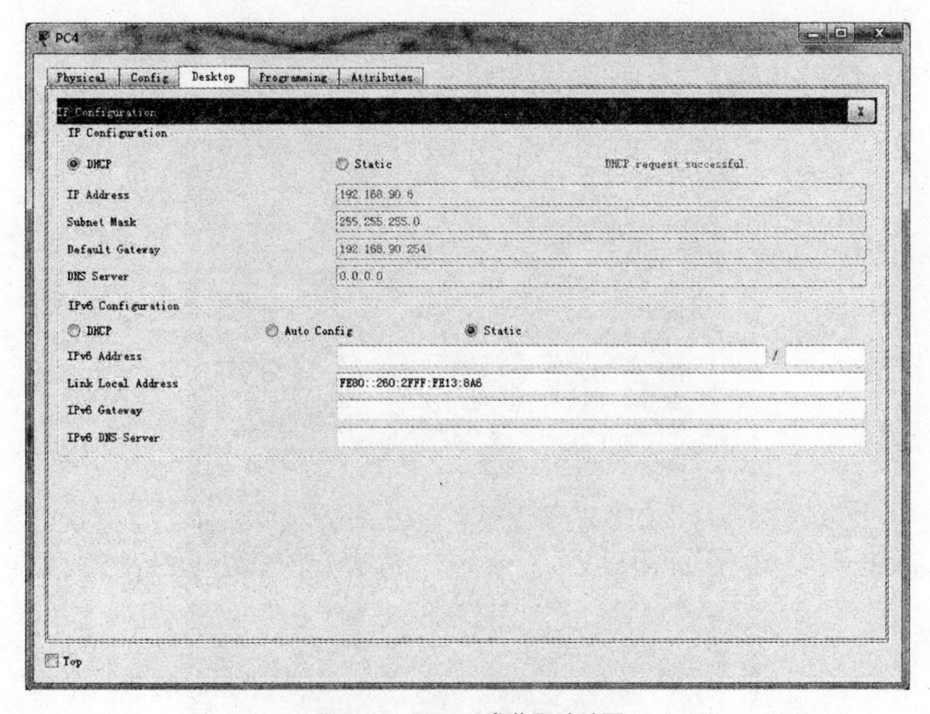

图 8.15 PC4 正常获取地址图

#验证公司内部通信，如下图 8.16 至 8.21 所示。

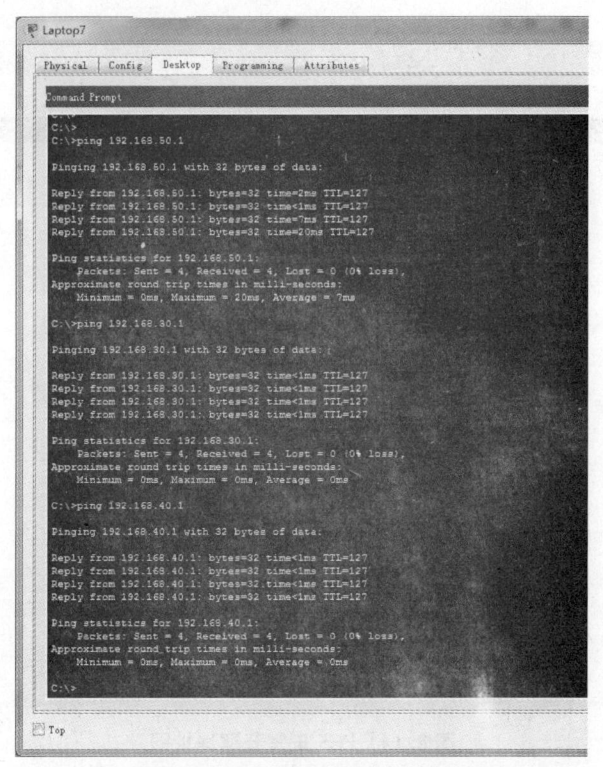

图 8.16　技术部与其他部门通信

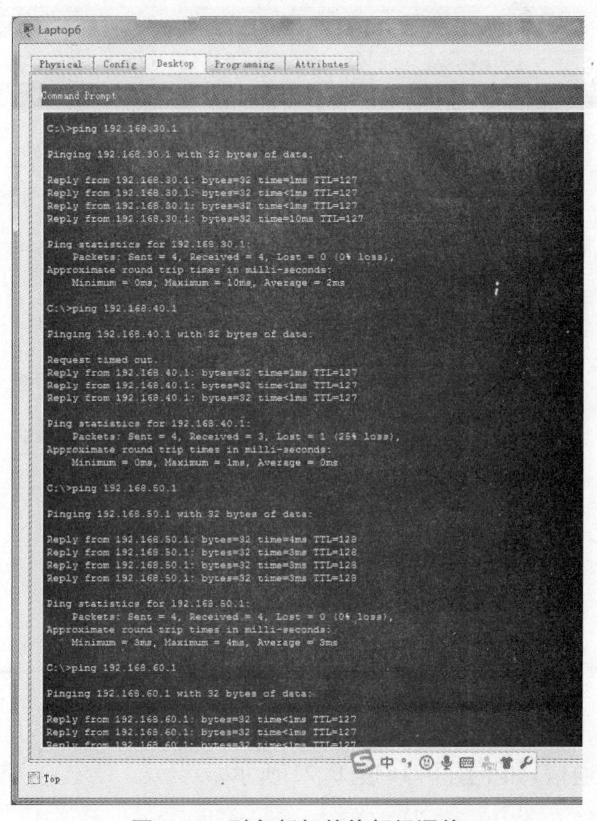

图 8.17　财务部与其他部门通信

```
Laptop5
Physical | Config | Desktop | Programming | Attributes
Command Prompt
Reply from 192.168.10.1: bytes=32 time=1ms TTL=127
Reply from 192.168.10.1: bytes=32 time=13ms TTL=127

Ping statistics for 192.168.10.1:
    Packets: Sent = 4, Received = 4, Lost = 0 (0% loss),
Approximate round trip times in milli-seconds:
    Minimum = 0ms, Maximum = 13ms, Average = 6ms

C:\>ping 192.168.20.1

Pinging 192.168.20.1 with 32 bytes of data:

Reply from 192.168.20.1: bytes=32 time=2ms TTL=127
Reply from 192.168.20.1: bytes=32 time<1ms TTL=127
Reply from 192.168.20.1: bytes=32 time<1ms TTL=127
Reply from 192.168.20.1: bytes=32 time<1ms TTL=127

Ping statistics for 192.168.20.1:
    Packets: Sent = 4, Received = 4, Lost = 0 (0% loss),
Approximate round trip times in milli-seconds:
    Minimum = 0ms, Maximum = 2ms, Average = 0ms

C:\>ping 192.168.30.1

Pinging 192.168.30.1 with 32 bytes of data:

Reply from 192.168.30.1: bytes=32 time<1ms TTL=127
Reply from 192.168.30.1: bytes=32 time<1ms TTL=127
Reply from 192.168.30.1: bytes=32 time<1ms TTL=127
Reply from 192.168.30.1: bytes=32 time<1ms TTL=127

Ping statistics for 192.168.30.1:
    Packets: Sent = 4, Received = 4, Lost = 0 (0% loss),
Approximate round trip times in milli-seconds:
    Minimum = 0ms, Maximum = 0ms, Average = 0ms

C:\>ping 192.168.50.1

Pinging 192.168.50.1 with 32 bytes of data:

Reply from 192.168.50.1: bytes=32 time<1ms TTL=127
Reply from 192.168.50.1: bytes=32 time=4ms TTL=127
Reply from 192.168.50.1: bytes=32 time<1ms TTL=127
Top
```

图 8.18 市场部与其他部门通信

图 8.19 市场部与其他部门通信

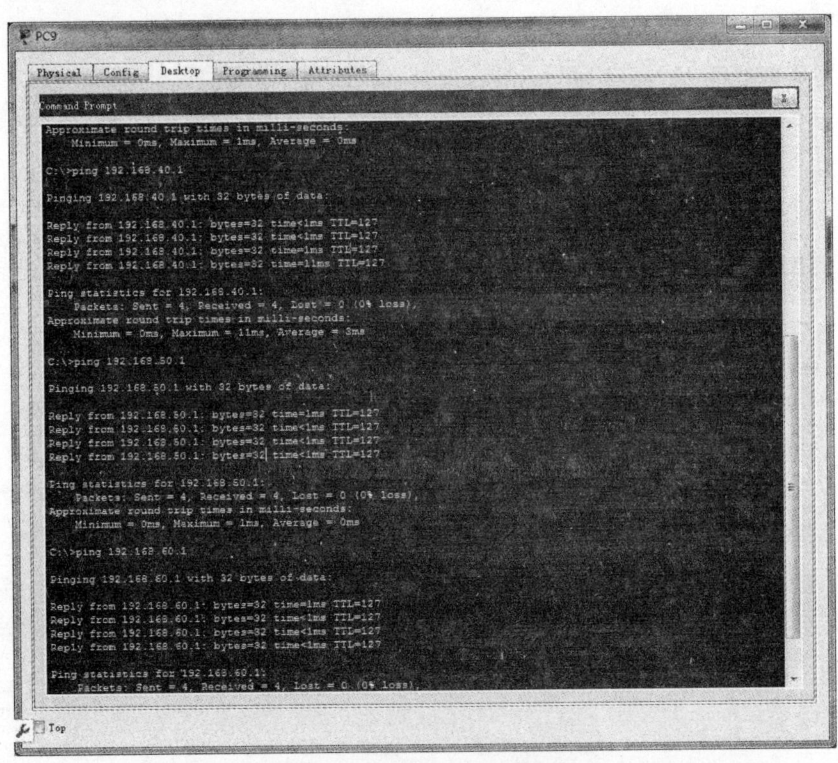

图 8.20　人事部与其他部门通信

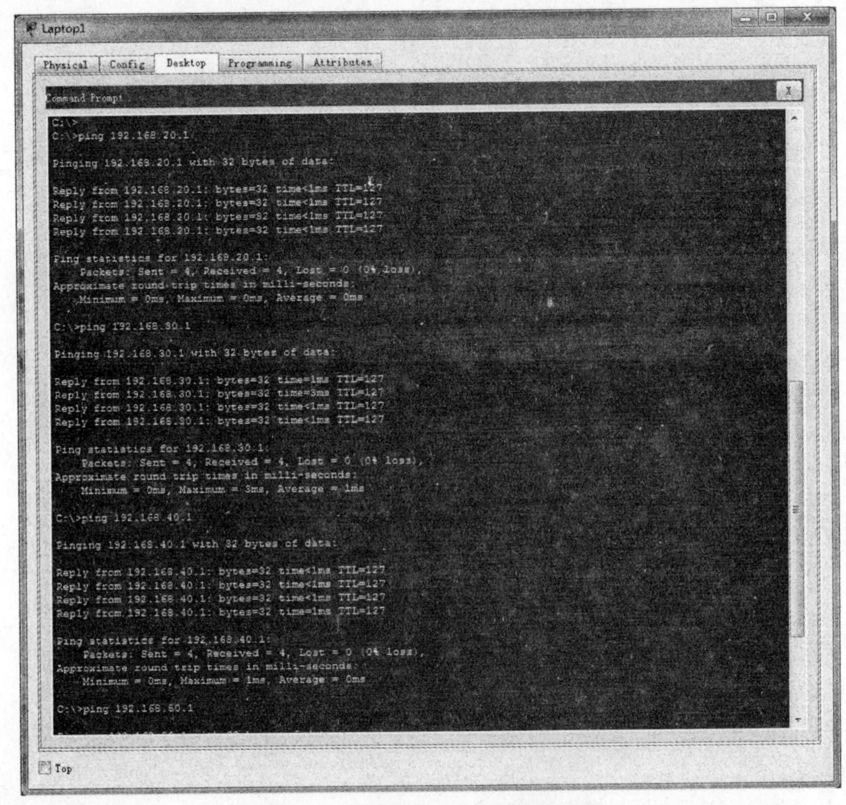

图 8.21　销售部与其他部门通信

#配置服务器防火墙

```
ASA9(config)#interface ethernet0/0
ASA9(config-if)#switchport access vlan 70
ASA9(config-if)#interface ethernet0/1
ASA9(config-if)#switchport access vlan 70
ASA9(config-if)#interface ethernet0/2
ASA9(config-if)#switchport access vlan 70
ASA9(config-if)#interface ethernet0/3
ASA9(config-if)#switchport access vlan 80
ASA9(config-if)#interface vlan70
ASA9(config-if)#nameif inside
ASA9(config-if)#security-level 100
ASA9(config-if)#ip address 192.168.70.254 192.168.70.0
ASA9(config-if)#nameif outside
ASA9(config-if)#security-level 0
ASA9(config-if)#ip address 69.1.1.9 255.255.255.0
ASA9(config)#object network dns
ASA9(config-network-object)#host 192.168.70.3
ASA9(config)#object network ftp
ASA9(config-network-object)#host 192.168.70.1
ASA9(config)#object network http
ASA9(config-network-object)#host 192.168.70.2
ASA9(config)#object network dns
ASA9(config-network-object)#nat (inside,outside) static 69.1.1.3
ASA9(config)#object network ftp
ASA9(config-network-object)#nat (inside,outside) static 69.1.1.1
ASA9(config)#object network http
ASA9(config-network-object)#nat (inside,outside) static 69.1.1.2
ASA9(config)#access-list fll extended permit icmp any any
ASA9(config)#access-list fll extended permit tcp any any
ASA9(config)#access-list fll extended permit udp any any
ASA9(config)#access-group fll in interface inside
ASA9(config)#access-group fll in interface outside
ASA9(config)#access-group fll out interface outside
ASA9(config)#access-group fll out interface inside
ASA9(config)#route outside 0.0.0.0 0.0.0.0 69.1.1.6 1
```

#配置出口防火墙

```
ASA8(config)#object network http
```

```
ASA9(config)#host 69.1.1.3
ASA9(config)#object network http
ASA9(config)#nat (inside,outside) static 100.100.100.6
ASA9(config)#route outside 0.0.0.0 0.0.0.0 100.100.100.2 1
ASA9(config)#route inside 12.0.0.0 255.0.0.0 80.1.1.10 1
ASA9(config)#route inside 13.0.0.0 255.0.0.0 80.1.1.10 1
ASA9(config)#route inside 14.0.0.0 255.0.0.0 80.1.1.10 1
ASA9(config)#route inside 15.0.0.0 255.0.0.0 80.1.1.10 1
ASA9(config)#route inside 16.0.0.0 255.0.0.0 80.1.1.10 1
ASA9(config)#route inside 23.0.0.0 255.0.0.0 80.1.1.10 1
ASA9(config)#route inside 24.0.0.0 255.0.0.0 80.1.1.10 1
ASA9(config)#route inside 25.0.0.0 255.0.0.0 80.1.1.10 1
ASA9(config)#route inside 26.0.0.0 255.0.0.0 80.1.1.10 1
ASA9(config)#route inside 27.0.0.0 255.0.0.0 80.1.1.10 1
ASA9(config)#route inside 34.0.0.0 255.0.0.0 80.1.1.10 1
ASA9(config)#route inside 35.0.0.0 255.0.0.0 80.1.1.10 1
ASA9(config)#route inside 36.0.0.0 255.0.0.0 80.1.1.10 1
ASA9(config)#route inside 46.0.0.0 255.0.0.0 80.1.1.10 1
ASA9(config)#route inside 56.0.0.0 255.0.0.0 80.1.1.10 1
ASA9(config)#route inside 60.0.0.0 255.0.0.0 80.1.1.10 1
ASA9(config)#route inside 61.0.0.0 255.0.0.0 80.1.1.10 1
ASA9(config)#route inside 69.0.0.0 255.0.0.0 80.1.1.10 1
ASA9(config)#route inside 192.0.0.0 255.0.0.0 80.1.1.10 1
ASA9(config)#access-list fll extended permit icmp any any
ASA9(config)#access-list fll extended permit tcp any any
ASA9(config)#access-list fll extended permit udp any any
ASA9(config)#access-list 445 extended deny tcp any any eq 445
ASA9(config)#access-list 445 extended permit ip any any
ASA9(config)#access-group fll in interface inside
ASA9(config)#access-group fll in interface outside
ASA9(config)#access-group fll out interface outside
ASA9(config)#access-group fll out interface inside
```

#FTP 服务器配置，如下图 8.22 所示。

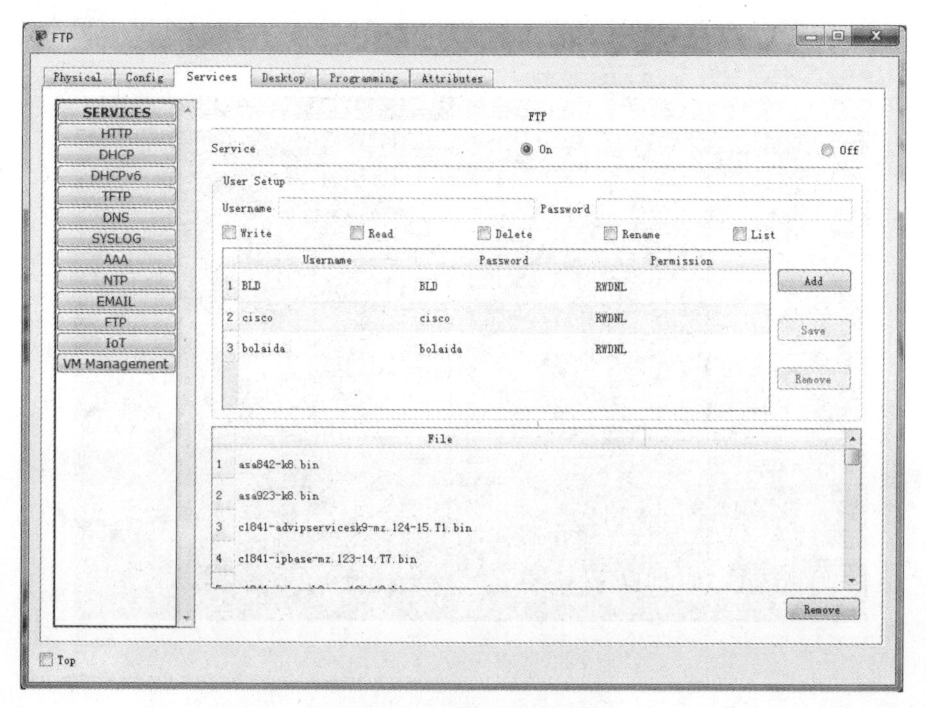

图 8.22　FTP 服务器配置

#验证 FTP 服务器，如下图 8.23 和 8.24 所示。

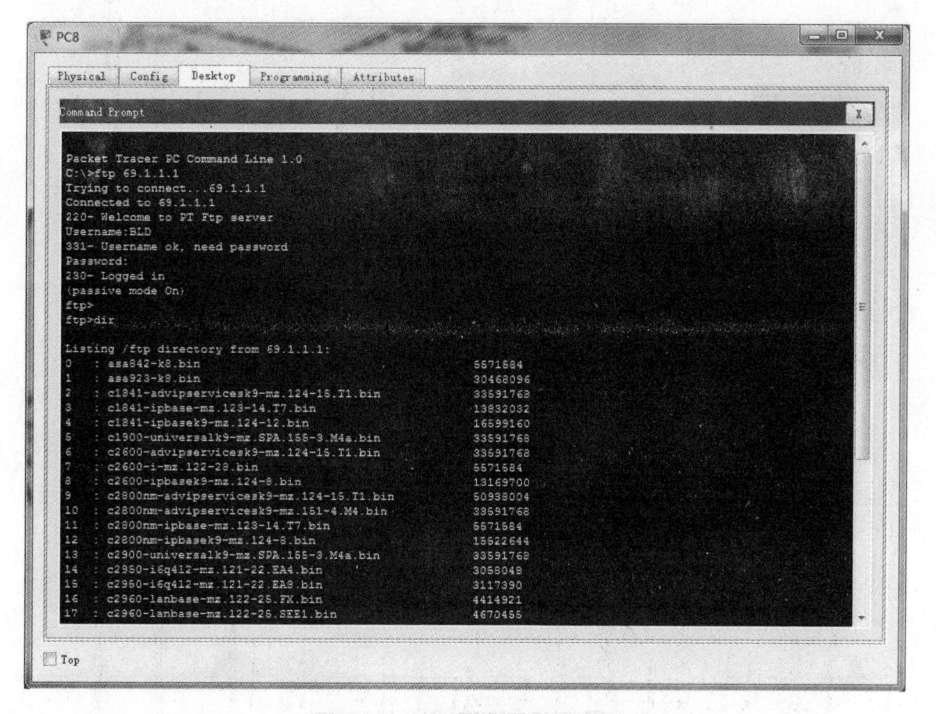

图 8.23　FTP 服务器登录验证

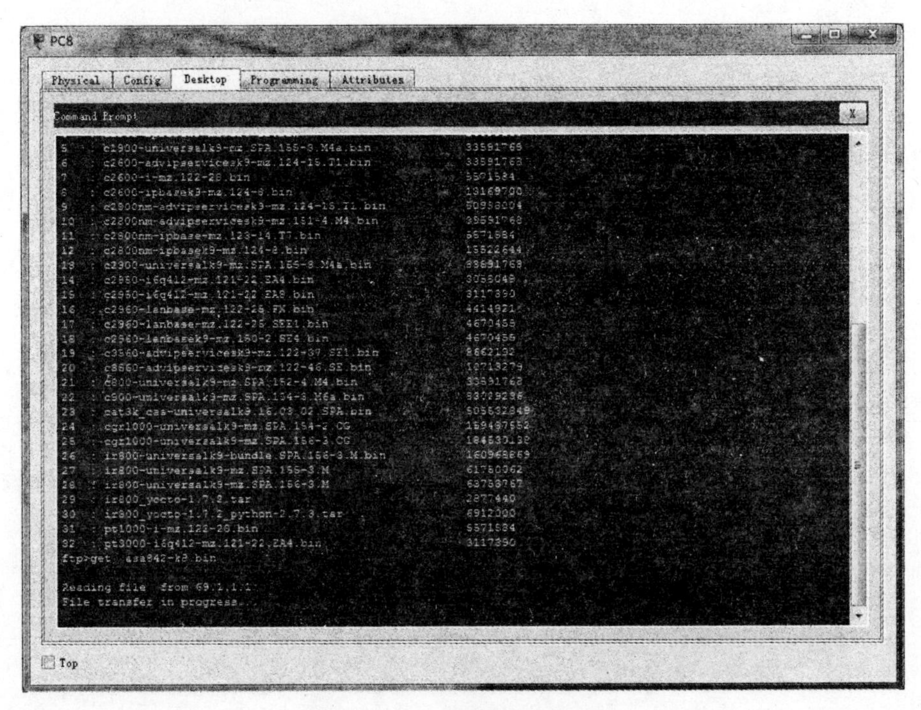

图 8.24　FTP 服务器下载验证

#HTTP 服务器配置，如下图 8.25 所示。

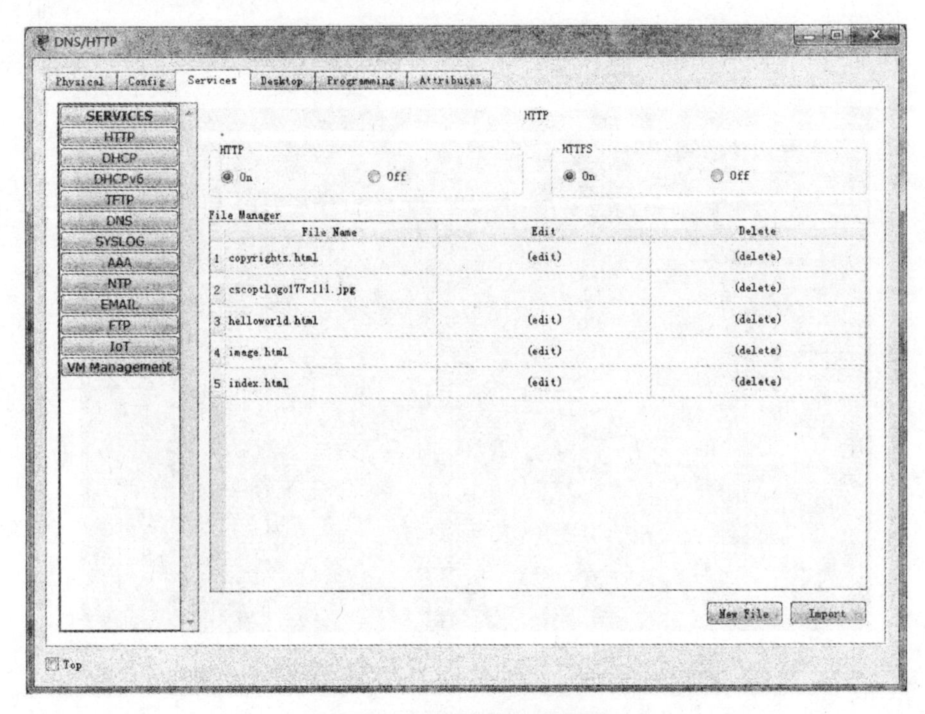

图 8.25　HTTP 服务器配置

#DNS 服务器配置，如下图 8.26 和 8.27 所示。

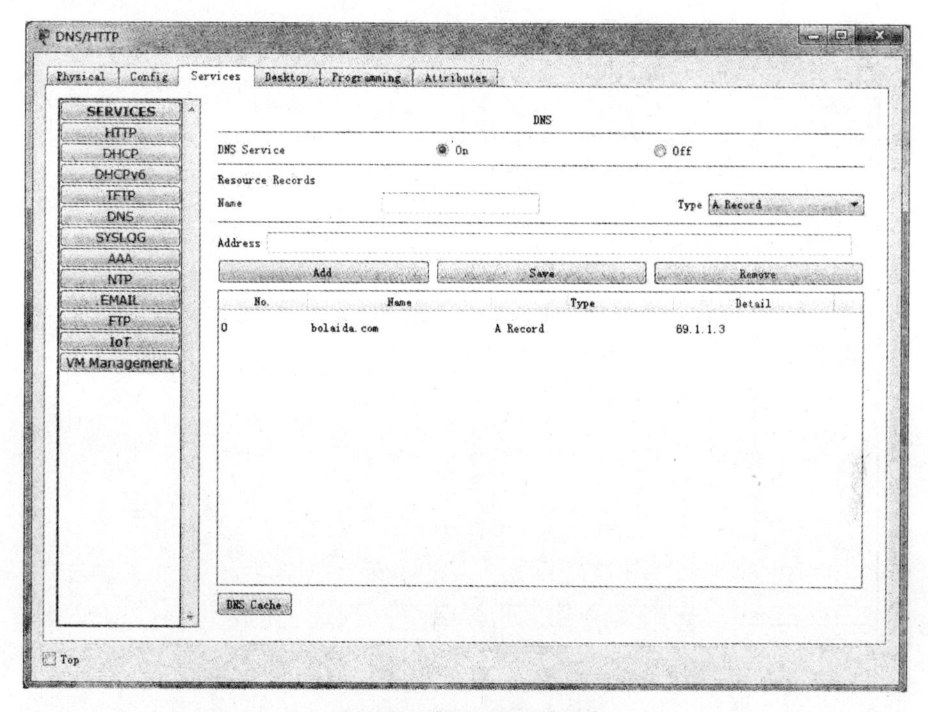

图 8.26　DNS 服务器配置

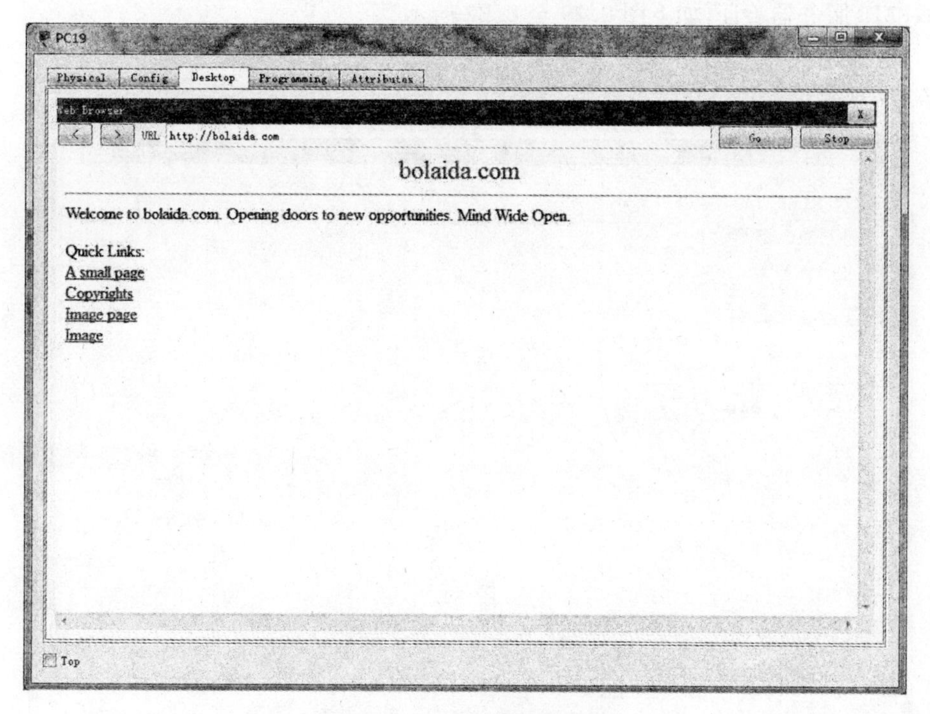

图 8.27　HTTP 服务器验证

#E-MAIL 服务器配置,如下图 8.28 所示。

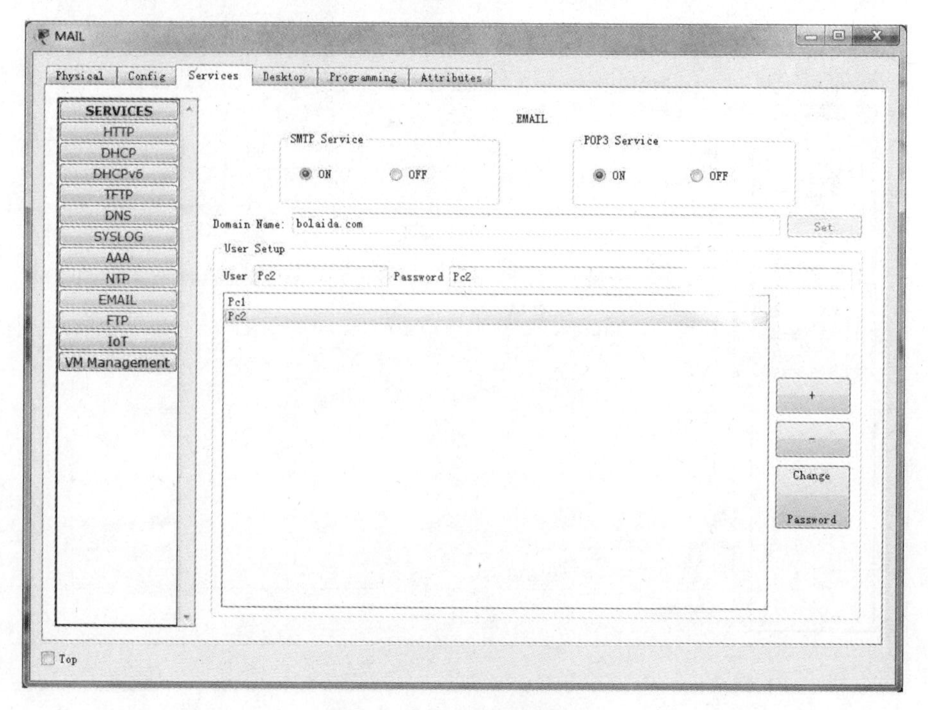

图 8.28 HTTP 服务器验证

#E-MAIL 服务器验证,如下图 8.29 至 8.32 所示。

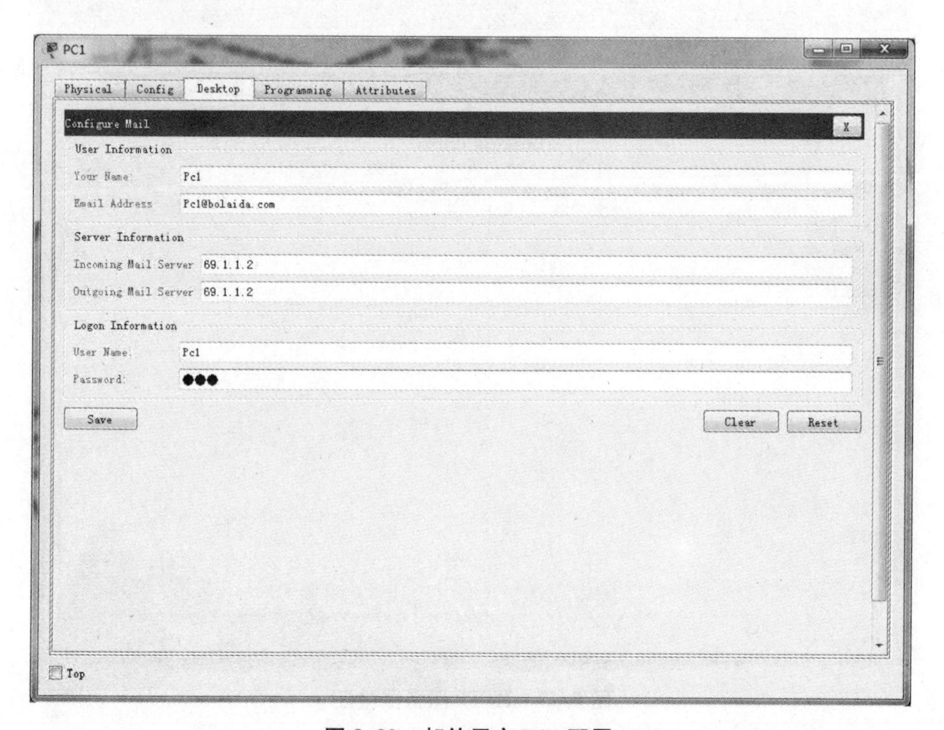

图 8.29 邮件用户 PC1 配置

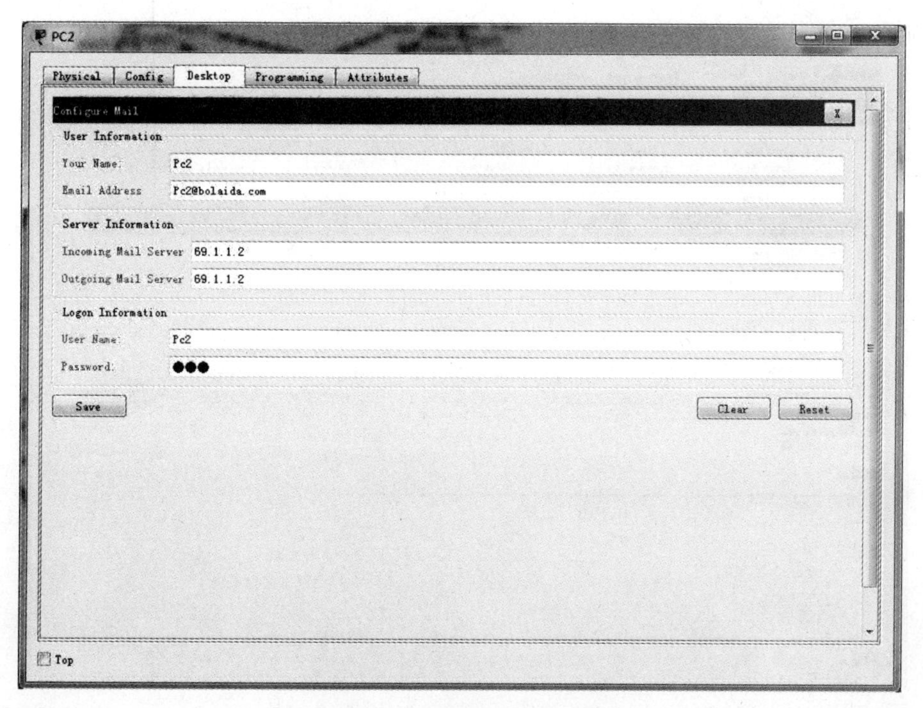

图 8.30　邮件用户 PC2 配置

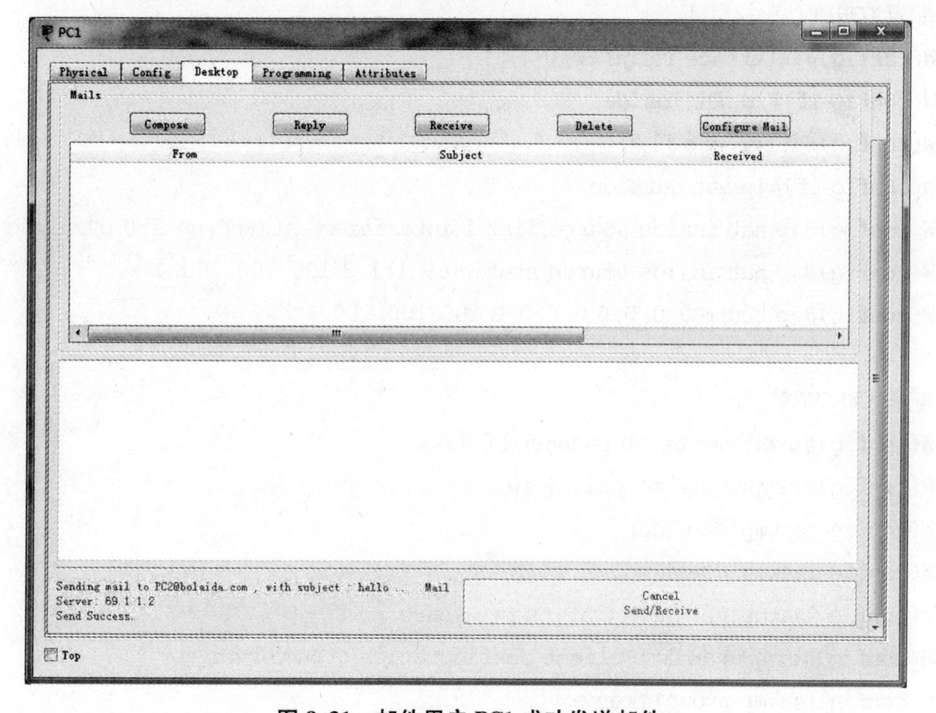

图 8.31　邮件用户 PC1 成功发送邮件

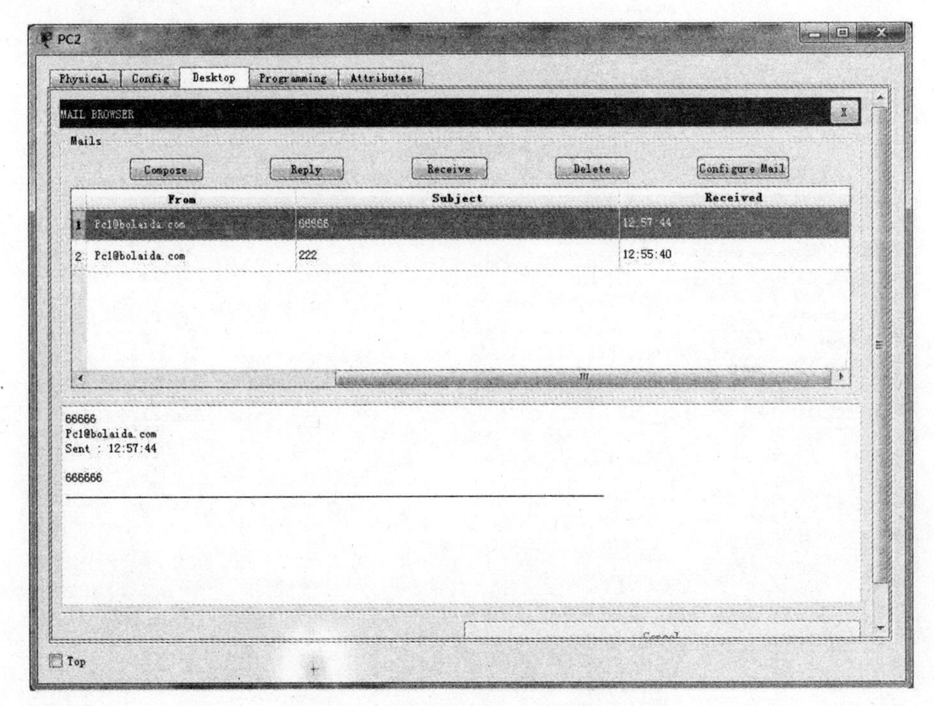

图 8.32 邮件用户 PC2 成功收到邮件

```
#配置 GWNAT
GW(config)#interface range f0/0-1
GW(config-if)#ip nat inside
GW(config)#interface f1/0
GW(config-if)#ip nat outside
GW(config)#ip nat inside source list 1 interface fastEthernet1/0 overload
GW(config)#ip nat inside source static 69.1.1.3 100.100.100.4
GW(config)#ip route 0.0.0.0 0.0.0.0 100.100.100.1

#配置 GWEZVPN
GW(config)#username ezvpn password 0 ezvpn
GW(config)#crypto isakmp policy 10
GW(config-isakmp)#en 3des
GW(config-isakmp)#hash md5
GW(config-isakmp)#authentication pre-share
GW(config)#crypto isakmp client configuration group ezvpn
GW(config-isakmp-group)#key ezvpn
GW(config-isakmp-group)#pool ippool
GW(config)#crypto ipsec transform-set vpn esp-3des esp-md5-hmac
GW(config)#crypto dynamic-map ezvpn 10
```

```
GW(config-crypto-map)#set transform-set vpn
GW(config)#crypto map ezvpn client authentication list vpn
GW(config)#crypto map ezvpn isakmp authorization list vpn
GW(config)#crypto map ezvpn client configuration address respond
GW(config)#crypto map ezvpn 10 ipsec-isakmp dynamic ezvpn
```

二、广域网配置

```
#ISP 配置
ISP(config)#interface f0/0
ISP(config-if)#ip address 100.100.100.2 255.255.255.0
ISP(config-if)#no shutdown
ISP(config)#interface f0/1
ISP(config-if)#ip address 100.100.102.2 255.255.255.0
ISP(config-if)#no shutdown
ISP(config)#interface e1/0
ISP(config-if)#ip address 100.100.103.1 255.255.255.0
ISP(config-if)#no shutdown
ISP(config)#interface e1/1
ISP(config-if)#ip address 100.100.104.1 255.255.255.0
ISP(config-if)#no shutdown
ISP(config)#interface e1/2
ISP(config-if)#ip address 100.100.101.1 255.255.255.0
ISP(config-if)#pppoe enable
ISP(config-if)#no shutdown

ISP(config)#username user password 0 user
ISP(config)#radius-server host 100.100.104.2 auth-port 1645 key pppoe
ISP(config)#vpdn enable
ISP(config)#vpdn-group pppoe
ISP(config-vpdn)#accept-dialin
ISP(config-vpdn-acc-in)#protocol pppoe
ISP(config-vpdn-acc-in)#virtual-template 1
ISP(config)#ip local pool pppoe 100.100.101.10 100.100.101.100
ISP(config)#interface virtual-template 1
ISP(config-if)#peer default ip address pool pppoe
ISP(config-if)#ip unnumbered e1/2
```

#ISP-AAA 服务器配置，如下图 8.33 所示。

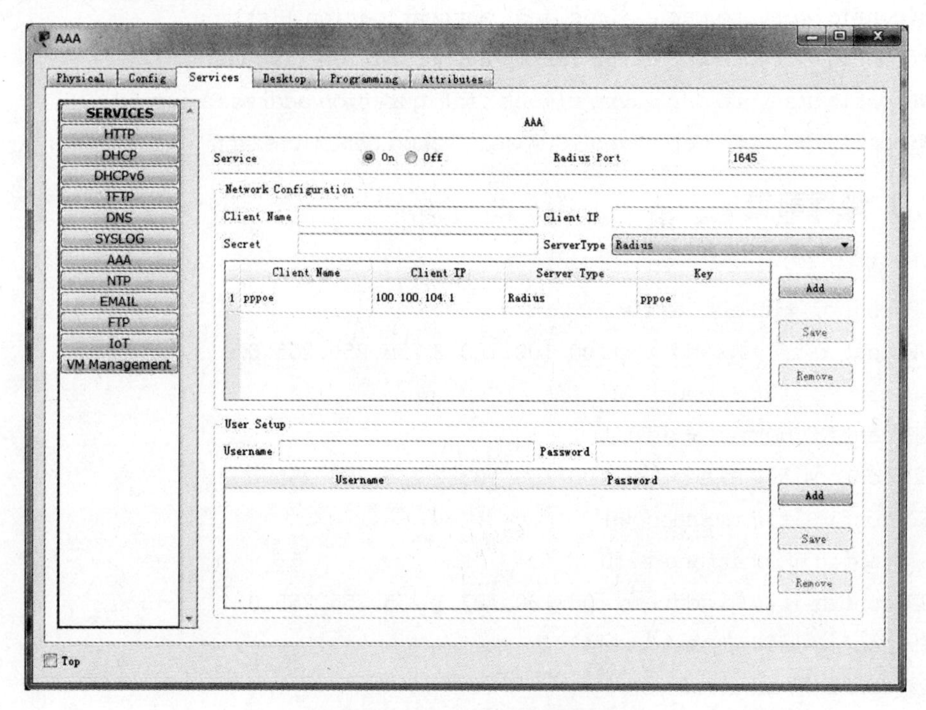

图 8.33　ISP-AAA 服务器配置

#ISP-HTTP 配置，如下图 8.34 所示。

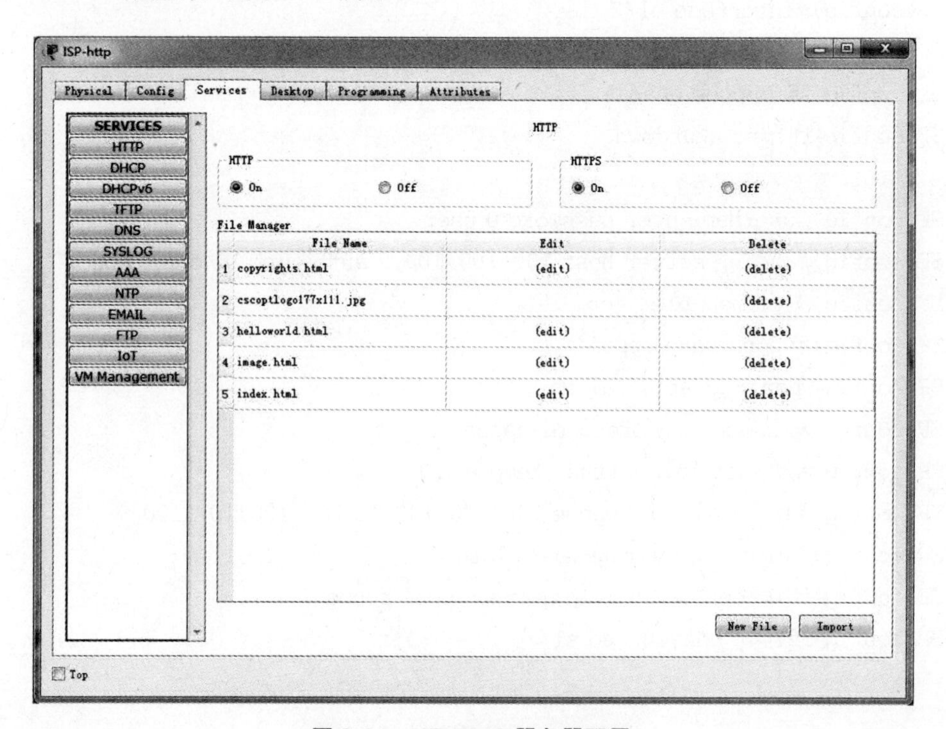

图 8.34　ISP-HTTP 服务器配置

#ISP-DNS 配置,如下图 8.35 所示。

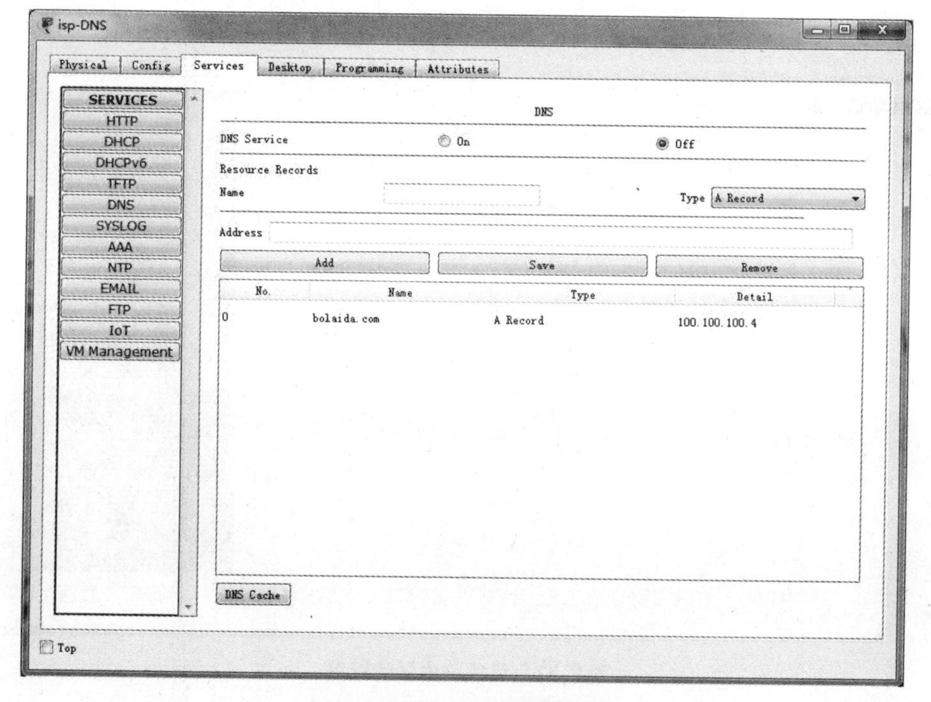

图 8.35 ISP-DNS 服务器配置

三、分部配置

#无线路由器通过 PPPOE 拨号的配置,如下图 8.36 所示。

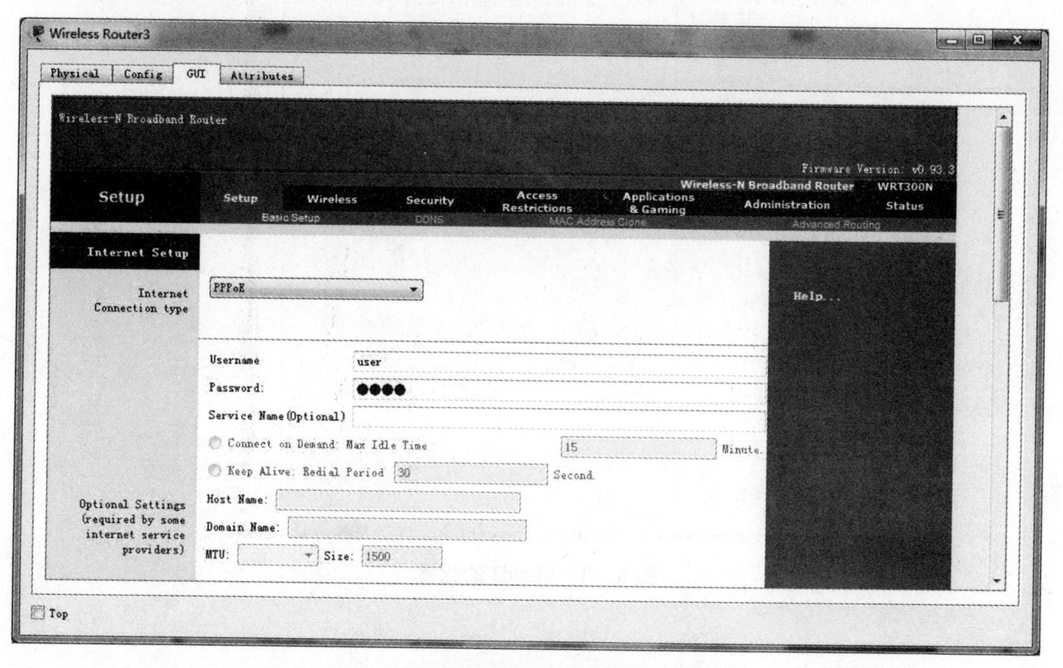

图 8.36 无线路由器 PPPOE 拨号配置

#无线路由器的配置,如下图 8.37 所示。

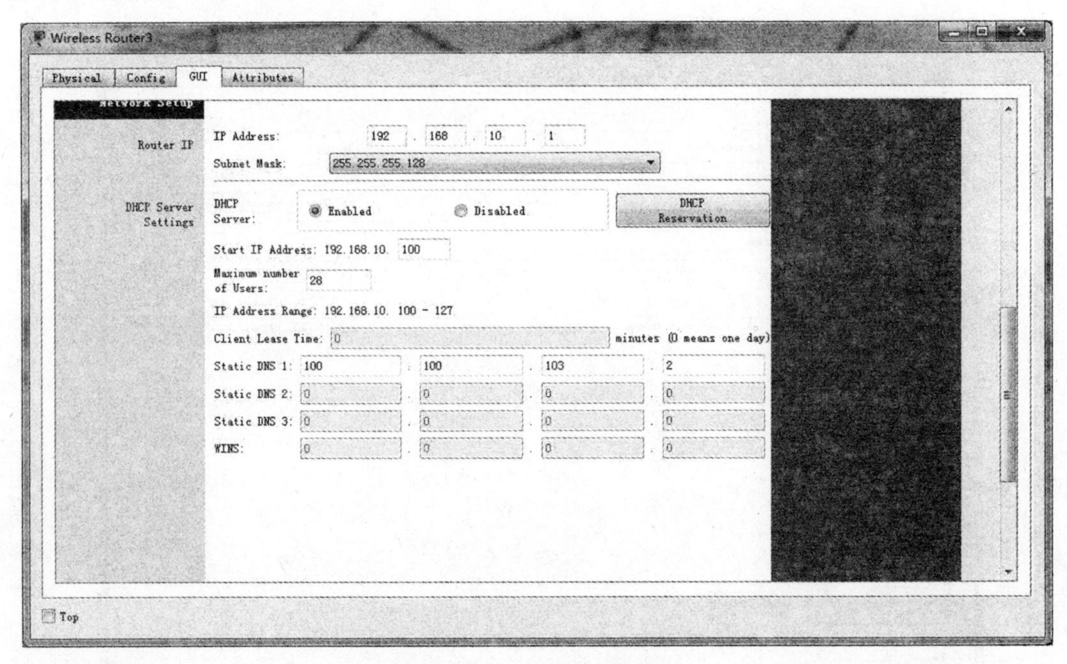

图 8.37 无线路由器的配置

#Cloud2 的配置,如下图 8.38 所示。

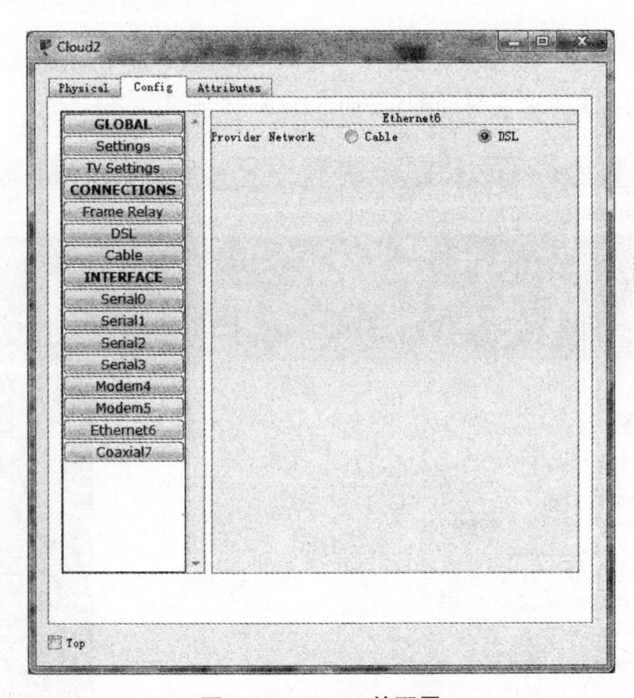

图 8.38 Cloud2 的配置

#验证无线设备获取地址，如下图 8.39 至 8.41 所示。

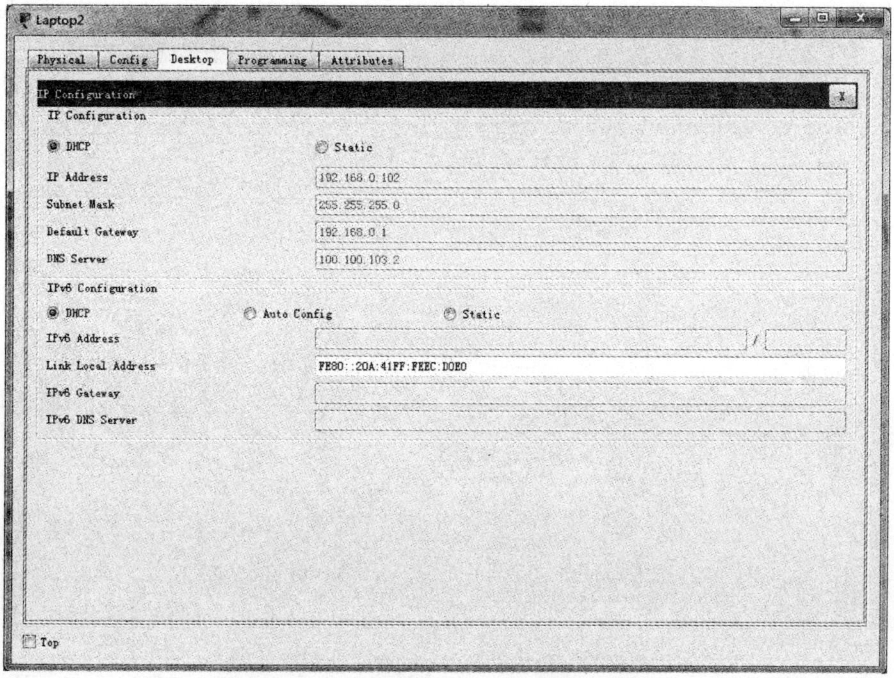

图 8.39　无线设备 Laptop2 成功获取地址

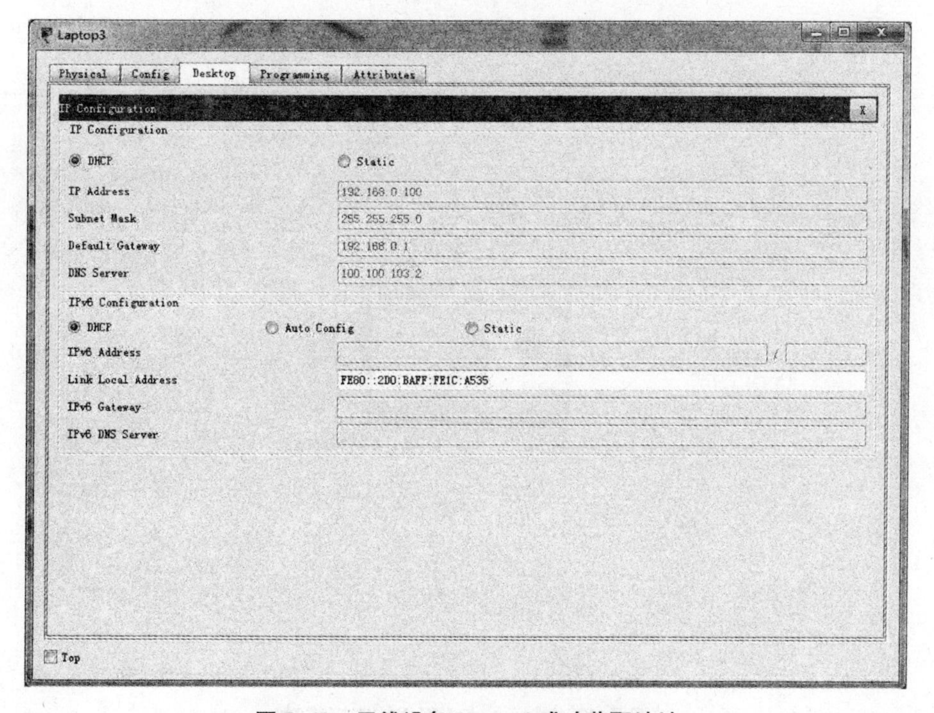

图 8.40　无线设备 Laptop3 成功获取地址

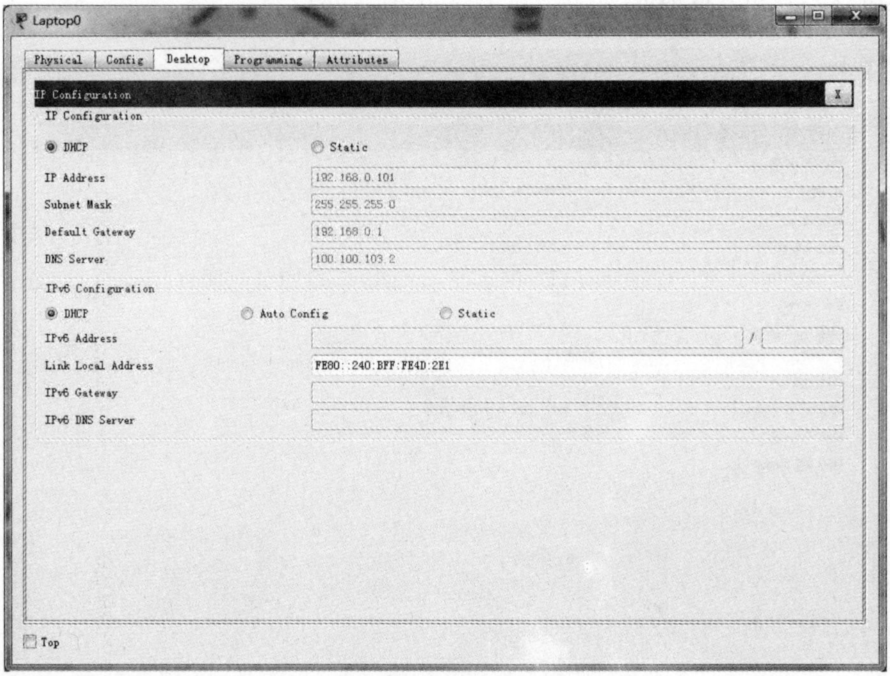

Laptop0
Physical
Config
Desktop
Programming
Attributes
IP Configuration
IP Configuration
DHCP
Static
IP Address
192.168.0.101
Subnet Mask
255.255.255.0
Default Gateway
192.168.0.1
DNS Server
100.100.103.2
IPv6 Configuration
DHCP
Auto Config
Static
IPv6 Address
Link Local Address
FE80::240:BFF:FE4D:2E1
IPv6 Gateway
IPv6 DNS Server
Top

图 8.41　无线设备 Laptop0 成功获取地址

#验证办事处有线接入点 EZVPN，如下图 8.42 和 8.43 所示。

PC6
Physical
Config
Desktop
Programming
Attributes
VPN Configuration
VPN
GroupName:
ezvpn
Group Key:
ezvpn
Host IP (Server IP):
100.100.100.3
Username
ezvpn
Password
Packet Tracer
VPN is connected.
OK
Connect
Top

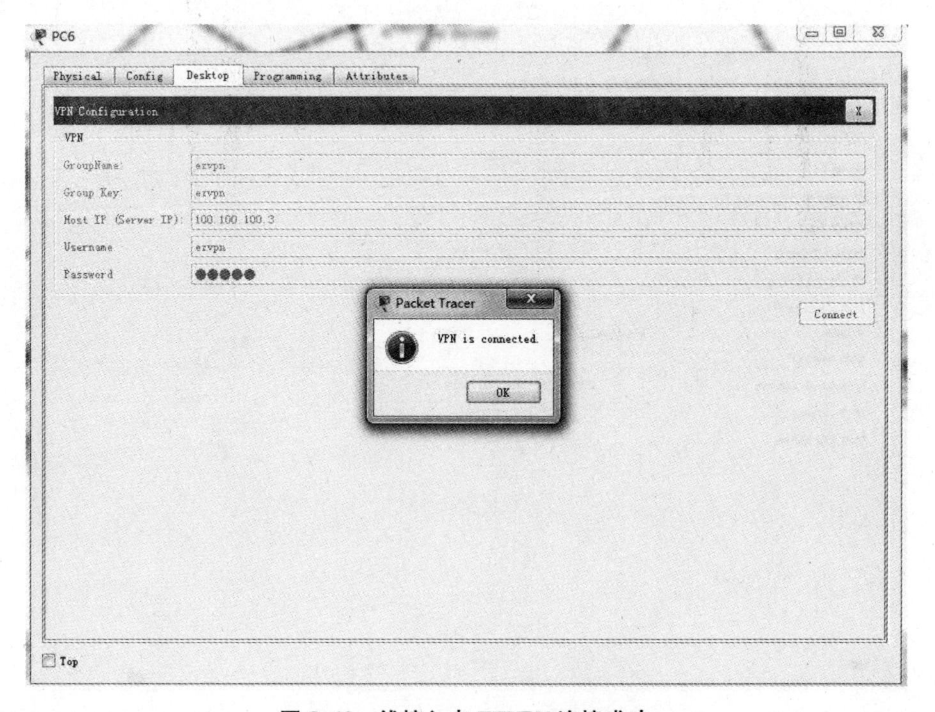

图 8.42　线接入点 EZVPN 连接成功

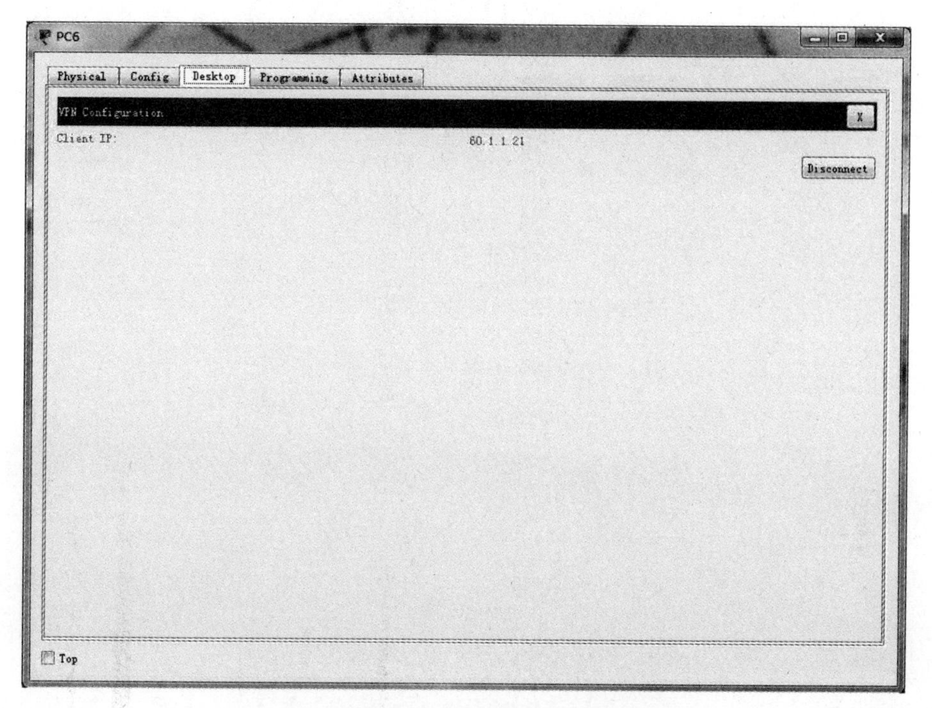

图 8.43 通过 EZVPN 获取内部私有地址

#验证办事处无线接入点 EZVPN，如下图 8.44 至 8.46 所示。

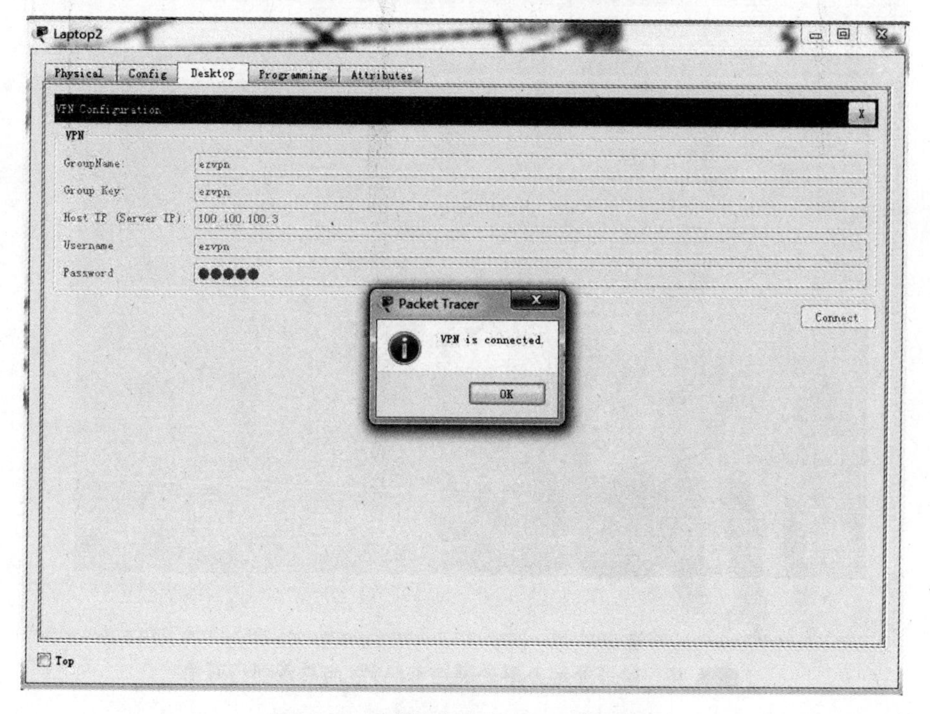

图 8.44 无线接入点 EZVPN 连接成功

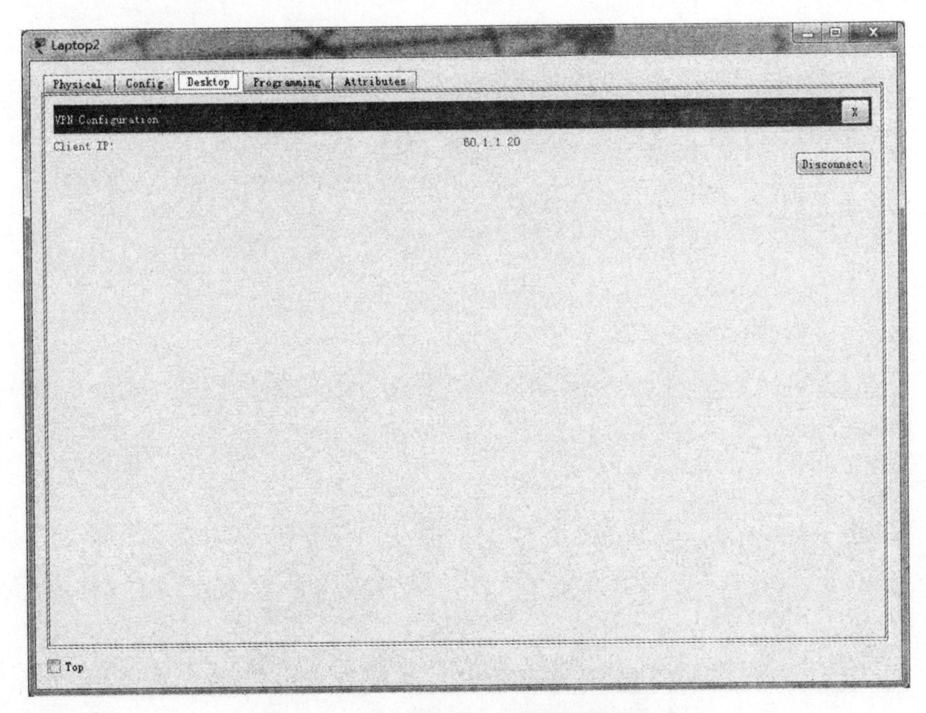

图 8.45　通过 EZVPN 获取内部私有地址

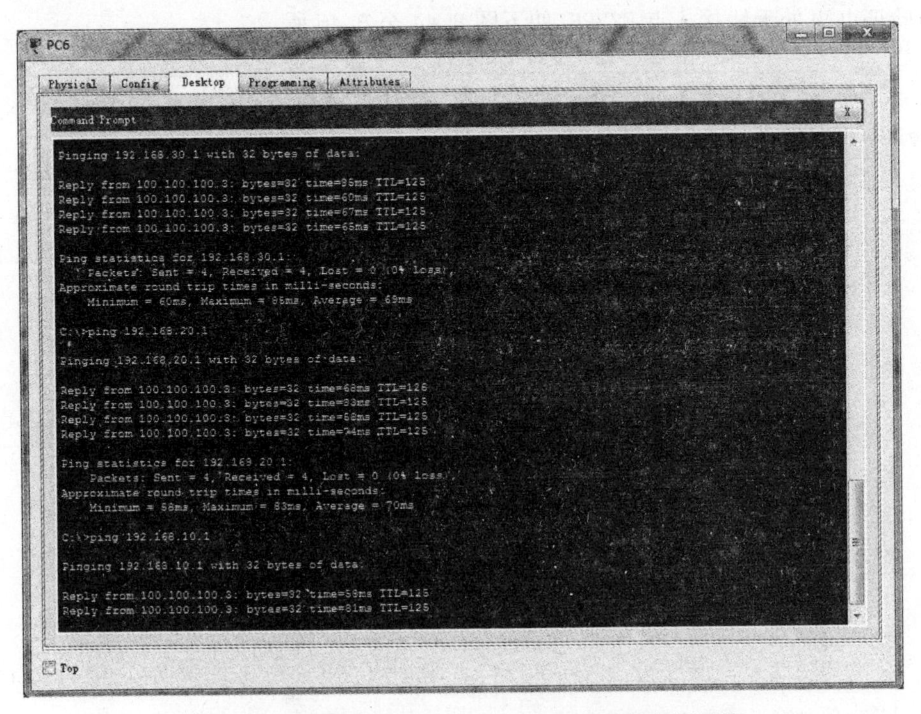

图 8.46　验证外地办事处通过 EZVPN 与总部部门通信